乡村振兴系列丛书

优质软籽石榴

高效栽培技术

马学林　李春华　主编

云南出版集团
云南科技出版社
·昆　明·

图书在版编目（CIP）数据

优质软籽石榴高效栽培技术 / 马学林，李春华主编
. -- 昆明：云南科技出版社，2023
（乡村振兴系列丛书）
ISBN 978-7-5587-4782-3

Ⅰ．①优… Ⅱ．①马… ②李… Ⅲ．①石榴—果树园艺 Ⅳ．① S665.4

中国国家版本馆 CIP 数据核字 (2023) 第 172595 号

优质软籽石榴高效栽培技术
YOUZHI RUANZI SHILIU GAOXIAO ZAIPEI JISHU

马学林　李春华　主编

出 版 人：温　翔
策　　划：李　非
责任编辑：李凌雁　陈桂华
整体设计：姚金林
责任校对：秦永红
责任印制：蒋丽芬

书　　号：ISBN 978-7-5587-4782-3
印　　刷：云南灵彩印务包装有限公司
开　　本：889mm × 1194mm　1/32
印　　张：6.25
字　　数：197 千字
版　　次：2023 年 9 月第 1 版
印　　次：2023 年 9 月第 1 次印刷
定　　价：39.00 元

出版发行：云南出版集团　云南科技出版社
地　　址：昆明市环城西路 609 号
电　　话：0871-64190973

编委会

主　编：马学林　李春华

副主编：陈　书　王正合　唐宗福　张建祥

编　委：（按姓氏笔画排序）

王成龙　王振强　李青松　李俊杰

杨云福　杨永福　杨任松　杨向军

杨志勇　杨学林　杨晓云　张秋菊

张鸿昌　陈庭见智　陈朝静

罗成燕　和晨曦　赵　琳　姚金林

贺占雪　黄会帮　彭德青　童绍建

谭晓华　谭程仁

石榴基地

石榴园航拍

石榴基地

果园管理

科学施肥

水肥一体施肥

除草

喷药

果园试验

科技培训

果实测产

品质鉴定

石榴病害

石榴干腐病

石榴褐斑病

石榴疮痂病

蚜虫危害

蓟马危害

果实蝇危害

蚧壳虫危害

石榴商品

果农喜迎丰收

软籽石榴优质果

硕果累累

序

中共丽江市委农办主任、丽江市农业农村局局长 李荣祥

石榴之美，美在“榴枝婀娜榴实繁，榴膜轻明榴子鲜”之观感。习近平总书记也用“各民族像石榴籽一样紧紧抱在一起”形象地喻示了我国各民族“多元”与中华民族“一体”的关系。古有记载“汉张骞出使西域，得涂林安石国榴种以归”，因此，石榴自汉朝就引进我国，栽培历史悠久，在国内外均受到消费者的喜爱，是我国重点发展的水果之一。

丽江市软籽石榴产业以打造高原特色现代农业产业发展为契机，立足金沙江干热河谷地区气候适宜、光照充足、雨量充沛等良好的自然生态优势，深入践行绿水青山就是金山银山的发展理念，按照规模化、规范化、标准化、精品化的发展要求，通过建立种植示范基地，种出了具备成熟早、籽粒大、色泽鲜艳、果个大、果皮色泽美观、果仁特软等特点的永胜软籽石榴，并于 2019 年 12 月正式获批“永胜软籽石榴”国家地理标志证明商标。随着 2021 年大永高速公路的全线通车，软籽石榴主产区的石榴发展也进入高速发展阶段，成为促进地方经济特色快速发展、增加农民收入的骨干产业。至 2022 年初，全市适宜种植区域推广种植达 11 万亩，打造了片角卜甲软籽石榴、涛源东安软籽石榴等“一村一品”示范村，逐步形成了以“合作社 + 支部 + 产业 + 农户”方式为主的软籽石榴产业化经营的发展格局。软籽石榴的发展为金沙江绿色经济走廊建设“蓄能”，为长江经济带上游地区的绿色富民产业打造提供了有益探索。

良种还得良法相配套。本书由丽江市经济作物工作站牵头，集广大农业科技人员、合作社、生产户持续多年的探索和经验积累，总结出了一套较为先进、系统、实用的软籽石榴栽培管理技术，对软籽石榴的栽培技术、水肥管理、修剪整形及采后保鲜等省时省力、提质增效的集成栽培技术进行了科学合理、严谨规范的编制。本书对助力软籽石榴的产前、产中、产后纳入标准化轨道、培育彰显丽江特色的软籽石榴“新名片”具有指导意义，为发展生态绿色农业提供借鉴。

乡村振兴，关键在于产业振兴。我们要充分利用金沙江干热河谷地区独特的农业资源禀赋，围绕需求和市场导向，努力打造世界一流“绿色食品牌”，做好特色产业发展这篇大文章。在确保守住耕地红线和粮食安全的前提下，坚持绿色发展方向，将软籽石榴产业保护好、发展好，作为“丽果”品牌的代表，将其做成全国的知名地理标志品牌，让软籽石榴成为丽江市巩固脱贫攻坚成果，防止返贫的“致富果”，助推乡村振兴“榴”光溢彩。

李荣祥

2022年8月15日

前 言

软籽石榴与传统的硬籽石榴相比，具有成熟早、经济性状良好、丰产、籽软可食、经济和社会效益高、栽培适应性广等多方面优良性状。近年来，消费市场对软籽石榴需求量显著高于其他石榴品种，软籽石榴市场需求量逐年上升，产业发展的市场潜力巨大。软籽石榴是目前云南省石榴产业发展的主流，也将逐步成为云南省石榴主产区更新换代的主要品种。丽江市内土地资源、光热资源和劳动力资源丰富，为发展高原特色软籽石榴提供了广阔的空间，加之特有的金沙江流域气候资源优势，为规模化、标准化、无害化生产优质软籽石榴奠定了坚实基础。同时，发展软籽石榴还可以有效促进云南省农业增效、农民增收，助推美丽乡村建设。

金沙江干热河谷主要分布在金沙江中下游地区，指海拔 695 ～ 2000 m 的低中山峡谷地段，总面积 29037.7 km^2，蜿蜒于四川、西藏、云南三省，从青海省玉树地区的直门达到四川省宜宾市，全长约 2300 km。属低纬高原季风气候，区域内阳光透射率高、光热资源丰富，气候炎热少雨，冬春干热风大、蒸发旺盛、气候年较差小，日较差大，垂直差异大，水平差异小，立体气候显著，干湿季分明，雨热基本同季，时常形成增温减雨的焚风效应，水土流失严重，生态十分脆弱，寒、旱、风、虫、草、火等自然灾害特别突出，但小气候多样，水资源、光照充足，适合多种温带、亚热带水果的栽培和生产。

云南省丽江市位于金沙江中段，从云南省玉龙县石鼓镇至四川省新市镇为金沙江中段，全长 1220 km，是金沙江中游干热河谷具有代表性的地段。随着软籽石榴经济价值的不断凸显，自 2006 年起，丽江市内通过硬籽石榴园高接换头、利用金沙江库区淹没区移民后扶产业扶持政策新增种植园等措施，软籽石榴种植面积逐年加大。截至 2021 年底，丽江市软籽石榴种植面积达 11 万亩（1 亩

≈ 666.7m²）成为丽江高原特色水果产业中除杧果外种植面积最大的产业，同时也是云南省内软籽石榴种植面积最大的地区之一。

本书以云南省丽江市内金沙江干热河谷区多年的软籽石榴种植经验为蓝本，以边屯之郡永胜县的成功生产经验为案例。集广大果树科技工作者、生产者的实践经验，针对目前软籽石榴种植产业中存在的机械化应用、节水灌溉、化肥农药减量、病虫害绿色防控、有机种植等因素制约产业发展，对金沙江干热河谷地区软籽石榴的高效栽培技术进行全面总结和阐述，建立产业技术支撑体系，为提高丽江金沙江干热河谷地区软籽石榴高效栽培技术水平，实现软籽石榴优质高效、高产稳产、标准化生产、产业提质增效，提供理论和技术支持。读者对象为广大软籽石榴生产者、果树职业院校的师生和生产一线的专业技术人员。

该书编著出版，由于受编者专业水平、资料短缺、时间仓促等因素的影响，书中难免出现错漏，望广大读者、专业人士、行业专家批评指正，以便本书在今后修正与提高。

目 录

第一章 概述

石榴是一种集生态效益、经济效益、社会效益、观赏价值与药用价值于一身的优良果树，被誉为“21世纪的天然保健药物”。石榴具有丰富的营养、药用、保健价值，其叶可制茶，花可做菜，枝可编筐，皮能入药。在漫长的历史文化演化过程中，石榴也逐渐成为象征团结和睦、多子多福、儿孙满堂的文化信物，成为与民俗活动息息相关的馈赠佳品，成为带着浓浓中国乡土风味的吉祥宝物。石榴在中国已有2000余年的栽培历史，但多年来相较于苹果、柑橘、梨等大宗水果，其发展缓慢，目前仍然是一个小果种。近年来，果树研究者及业内人士对石榴的种质资源、良种选育、丰产栽培、贮藏保鲜以及营养保健等方面进行了深入细致的研究，取得了一些成果。以突尼斯软籽石榴为代表的软籽石榴，其种皮革质化，种仁退化，食用口感好，籽粒大而色艳、甜而无渣滓，是石榴的果中珍品。

为深入贯彻落实习近平生态文明思想，践行好“两山理论”，近年来，丽江主动服务和融入推动长江经济带发展，立足绿色生态优势，坚持产业发展生态化、生态发展产业化，发挥金沙江干热河谷区的区位优势，充分利用气候、土壤等有利条件，积极建设金沙江“百里果廊”，集中在丽江永胜沿江、沿国道省道一带大力发展金沙江干热河谷区优质软籽石榴。为进一步破解丽江市软籽石榴规范化种植水平不够高、产量和品质下降，以及生产过程中农化产品使用不当威胁生态环境等难题，助推丽江市“建设金沙江绿色经济带，打造绿色食品牌”，结合金沙江干热河谷区软籽石榴生产栽培实际，今后的生产中，必须统一栽培技术规程、统一产品质量标准，推广应用水肥一体集成栽培技术，减少化学肥料及农用药品的用量，在助推丽江软籽石榴生产发展提质增效的同时，“共抓大保护，不搞大开发”，有效保护生态环境，推动金沙江绿色经济带的建设步伐。

第一节 起源和分布

一、起源

石榴（*Punica granatum* Linn.）属于桃金娘目（Myrtales）千屈菜科（Lythraceae）石榴属（*Punica*）落叶果树，灌木或小乔木，又名丹若、安石榴、天浆、金粟等。原产巴尔干半岛至伊朗及其邻近地区，后随航海、经商、战争、传教等活动被逐渐传播开来，向东传播至中国和印度，向西传播到地中海国家和世界其他各适生地。我国栽培石榴的历史可上溯至汉代，据陆巩记载是张骞引入的。因石榴树适应性强、易栽培、易管理，如今世界许多国家都有石榴栽培。经过果树学家多年栽培试验和观察，培育出了兼具成熟早、籽粒大、色泽鲜、甜度高、果个大、果色美观、籽粒特软、皮薄汁水多、经济效益显著等诸多特点的软籽石榴品种。全球来看，突尼斯、以色列、土库曼斯坦、美国、土耳其、伊朗、印度、西班牙、墨西哥、意大利、中国等多个国家，均有软籽石榴种质资源保存和利用。

中国目前有石榴品种 200 多个，其中食用品种约占 90%，软籽石榴品种约占 10%。中国的软籽石榴属于外引品种，源于突尼斯，属于温带落叶果树。1986 年前，中国尚且没有可供开发利用软籽石榴种质资源，1986 年突尼斯与中国建交后，突尼斯国家林业部门赠送中国赴突尼斯等国家学习的林业考察团 6 棵软籽石榴品种树苗，后通过引种驯化、自主培育等工作，中国现有突尼斯软籽、红如意软籽、中农红软籽、蜜宝软籽、红玉软籽、红双喜软籽、胭脂红软籽等 20 余个软籽石榴品种和种质资源。

丽江市永胜县栽培石榴的历史悠久，地方优良品种冰籽石榴在过去较长的一段时期非常出名。永胜冰籽石榴分为白冰籽、红冰籽两种，具有籽粒大、种子小、味甜甘美等特点，是石榴家族中的优良品种。2004 年，永胜县期纳镇王州先生率先引进突尼斯软籽石榴，因其品质优良，种植表现为果大、色艳、味美、籽软可食等优点，而得以在滇西北丽江永胜一带和川西南攀西地区迅速推广发展，突尼斯软籽石榴种植面积逐步扩大，结束了人们吃石榴吐籽的时代。

近年来，突尼斯软籽石榴已成为金沙江干热河谷区快速发展起来的优势水果产业。

二、分布

中国软籽石榴栽培始于 1986 年，近年来发展相对较快，在全国多地广泛分布发展。据统计，软籽石榴分布区的年平均气温 ≥ 10℃，多为 10 ～ 19℃，年积温为 4133 ～ 6532℃，年日照时数 1770 ～ 2665 h，年降水量为 55 ～ 1600 mm，无霜期 151 ～ 365 天。适应热带、亚热带、温带气候，种植土壤 pH4.0 ～ 8.5。目前数据显示，软籽石榴垂直分布范围较大，从平原到山地均有种植，分布区最低海拔为 50 ～ 150 m(安徽怀远)，最高为 1800 ～ 2000 m(四川会理、云南会泽)，其中海拔 1450 ～ 1700 m 的区域是云南丽江软籽石榴最佳栽植区，丽江市软籽石榴种植以永胜县为主。经过长期的自然演化和人工筛选，目前，中国软籽石榴栽培主要形成了以河南荥阳、新疆叶城、陕西临潼、安徽怀远、山东枣庄、四川会理和云南蒙自为中心的几大主产区。由于各地生长栽培环境等因素的特异性，其他不同海拔、不同纬度的地区如河北、北京、江西、海南、福建、重庆等省区也有软籽石榴分布。

根据地理和气候条件，中国软籽石榴主产区可以分为南方亚热带软籽石榴和北方温带软籽石榴两大片区，涵盖了长江以南各省，分别是以黄河中游和淮河流域为重点的新疆、甘肃、陕西、河南、山西、山东、安徽、江苏等省，以金沙江干热河谷区较为集中。其中，金沙江干热河谷区软籽石榴主产地集中分布在四川攀西地区的会理和攀枝花仁和、云南滇西北的永胜、宾川等地。近年来，丽江市永胜县的软籽石榴以果实个大、籽软、色艳、味甜、早熟而深受消费者青睐。2021 年，丽江市软籽石榴的种植面积已达 11 万亩，是金沙江干热河谷区软籽石榴栽培重点地区。

第二节　营养价值和经济意义

一、营养价值

石榴全身都是宝，既可鲜食又能入药，极具营养保健价值。软籽石榴果实营养丰富，其籽粒含碳水化合物17%以上，维生素C含量超过苹果、梨1～2倍，粗纤维2.5%，无机元素钙、磷、钾等含量0.8%左右，风味甜酸爽口。软籽石榴果实除鲜食外，还可加工成果汁、果酒、果露、果醋、果干，其果汁饮料是高级清凉保健饮品。石榴汁和石榴种子油中，含有丰富的维生素B_1、维生素B_2、和维生素C以及烟酸、植物雌激素与抗氧化物质石榴多酚、鞣酸等，对防治癌症和心血管病、防衰老和防治更年期综合征等均有较好的辅助作用。果皮可以止泻、止血、驱虫，根皮可以驱虫，树皮可以抗菌，石榴籽还可辅助治疗食欲不振、消化不良等胃肠道疾病。石榴汁有非常丰富的抗氧化物质，如可溶性多酚类物质、单宁、花色素苷等，具有抗动脉粥样硬化的特效，常食鲜石榴对降低血压也有一定辅助作用。此外，石榴叶可以加工石榴茶；石榴花汆水后可以做菜，煎炒凉拌均可，亦可止泻固肠，防治疟疾，有很好的消炎抗菌作用；石榴果皮中的甲醇提取物通过抗氧化剂来保护胃，从而达到保健功能。

二、经济意义

金沙江干热河谷区具有得天独厚的光热条件，使得该区域软籽石榴萌芽早、开花早、成熟早，每年8月上旬即可采摘上市，是国内最早成熟的地区，较北方主产区早熟近2个月，可以率先抢占国内销售市场。结合近年来丽江市永胜县软籽石榴种植面积的增幅和产值效益来看，在金沙江干热河谷区发展软籽石榴产业的优势正逐渐凸显，对推动金沙江干热河谷区乡村振兴有着重大意义。

通过统一栽培技术规程、统一产品质量标准，积极推行软籽石榴在金沙江干热河谷区规模化、标准化种植，可发挥更高经济效益。今后要科学指导建立软籽石榴标准化生产示范园，改良品种，配套水肥一体栽培技术、病虫害绿色防控措施，在提高产量的同时，生产出果面洁净、色泽鲜艳、次果率低的优质软籽石榴，并通过建成软籽石榴生产标准示范园，辐射带动金沙江干热河谷区软籽石榴产业的提质增效，为建设金沙江绿色经济带、打造世界一流“绿色食品牌”发挥重要作用。

第三节　栽培现状和发展前景

一、栽培现状

随着新品种选育的成功和市场变化的需求，石榴的生产栽培品种由过去的硬籽石榴改良成了现在的软籽石榴，其品质改善显著，深受消费者喜爱，使得软籽石榴成为当下石榴栽培的主要品种。软籽石榴在全国多地引种栽培成功，品质有胜原产地，产值效益良好，栽培种植面积连年递增。金沙江干热河谷区软籽石榴的引种栽培也非常成功，品质优良，是国内最早成熟上市的地区，丽江市永胜县作为金沙江干热河谷区软籽石榴栽培主要产区，2021 年，全市软籽石榴的栽培面积达 11 万亩。近年来软籽石榴种植面积整体发展速度较快，但标准化栽培管理技术相对滞后，丽江软籽石榴产业已逐渐出现了一些共性的问题，一是花芽分化少，导致花量少，完全花率低，坐果率低；二是籽粒色泽不够靓丽，影响其商品价值；三是低海拔地区白籽多，籽粒褐变较突出，不利于储藏运输和销售；四是病虫危害逐年加重，降低了树体寿命和果实品质等。因此以下几方面需要引起重视。

（一）苗木繁育

目前软籽石榴主要采用扦插繁育，但软籽石榴因为组织疏松而容易感染土传石榴枯萎病等病害。因此，优化苗木的繁育体系是石榴生产和栽培中的一个关键环节，需要通过优选本地抗性强的砧木，用嫁接手段来进行苗木繁育，提高苗木质量。

（二）品种优化

石榴的品种繁多，但集多种优势于一身的优质软籽石榴品种并不多，或多或少存在一些缺陷。比如，有的品种或果实色泽不够透亮，或籽粒褐变突出，不耐贮藏，或籽粒虽软却粗，虽细但偏硬，风味不佳，等等。只有推出更加优良的品种，才能更好满足市场需求和消费者的口味。因此，选育出品质优、错期成熟的具有市场竞争优势的品种是软籽石榴产业发展中一个亟待解决的问题。

（三）自然灾害

金沙江干热河谷区最低温虽不会低于软籽石榴安全越冬的临界温度（-17℃），但花期或幼果期遇寒流降温、连续低温、霜冻、倒春寒、低温冷雨等因素极易造成花果受害，造成授粉受精不良或幼果受冻，导致软籽石榴落花落果，影响软籽石榴的坐果率和产量。所以在软籽石榴的生产栽培中，自然灾害（主要是冷害）亦是一个不容忽视的问题。

（四）病虫危害

1. 主要病害

金沙江干热河谷区软籽石榴主要病害有枯萎病、干腐病、麻皮病、果腐病、黑斑病等。

2. 主要虫害

金沙江干热河谷区软籽石榴主要虫害有棉蚜虫、蚜虫、红蜘蛛、蓟马、桃蛀螟、柑橘小实蝇、蟀象、蚧壳虫、蜗牛、蚂蚁等。

二、发展前景

软籽石榴是金沙江干热河谷区快速发展起来的优质水果，是丽江市高原特色农业产业，是永胜县重点打造的“一县一业”龙头产业。发展软籽石榴产业既符合区域规划，也切合丽江市委、市政府建设金沙江绿色经济带的战略部署。发展软籽石榴产业可助力金沙江干热河谷区中上游生态屏障建设，是贯彻落实习近平生态文明思想的生产实践，也是前景可观的利于增收致富的民生农产业。因此，总结育苗、栽培修剪、肥水管理、病虫害绿色防控等主要措施，集成软籽石榴高效栽培技术，对指导金沙江干热河谷区优质软籽石榴产业的发展和提质增效有其重要作用，对丽江软籽石榴产业的健康、可持续发展具有重大意义。

第二章　生物学特性

植物的生物学特性包括植物的形态特征、生长发育特性，以及对环境条件的要求。软籽石榴的生物学特性包括根、干与枝、芽、叶、花、果形态特征，生长结果习性，物候期，对环境条件的要求等四个方面内容。

第一节　形态特性

一、根

（一）根的特征及分布

根系是园艺植物的重要器官，合理的土壤管理、灌水和施肥等田间管理措施能促进根系的健康生长。增强根系代谢活力，调节植株地上部分和地下部分的平衡协调生长，为地上部分花、果实的发育提供充足的养分，从而实现优质、高产的目的。

软籽石榴根系发达，扭曲不直，须根和吸收根较多，吸收面积广泛。因砧木亲和性、土壤养分等差异，常生瘤状突起，老根表皮常呈黄褐色。根系的分布主要分为垂直分布和水平分布。

1. 根系的垂直分布特性

软籽石榴根系的垂直分布特征以向土壤深处垂直向下生长为主。但是个体的分布方式与土壤结构、理化性质、土层厚度、肥力水平及水分状况密切相关，土层深厚、土壤肥沃的地块，根系的垂直分布较深；而在土层瘠薄、砾石较多的地块，根系的垂直分布浅。一般情况下，软籽石榴根系垂直分布范围在 0 ～ 80 cm 的土层中，有 80% 以上根系集中分布在 0 ～ 60 cm 的土层。软籽石榴根系垂直分布与树冠高的比例通常为树冠高：根深为 3 ∶ 2，冠幅：根深为 3 ∶ 2。

2. 根系的水平分布特性

石榴根系沿土壤表层方向平行生长，呈水平分布特征，分布范围较小。骨干根主要分布在冠径 0 ～ 100 cm 范围内，须根分布范围在 20 ～ 120 cm 内，90% 以上的根系集中分布在 0 ～ 120 cm 范围，冠幅与根冠比为 1.3 ∶ 1，冠高与根冠比为 1.25 ∶ 1，树冠下为根系主要分布区。

（二）根系的类型

软籽石榴的根系按照发生及来源分为实生根系、茎源根系和根蘖根系 3 种。实生根系是由实生繁殖的种子形成的根系，由主根、侧根和须根组成，其特点是主根发达，根系广而深，生活力和适应性较强。茎源根系主要来源于母体茎上的不定根，在软籽石榴上主要表现在枝条扦插所形成的个体根系，此类根系在土壤中的分布较浅，生理年龄较老，与主根相比生活力相对较弱，由长势较强的侧根构成根系的主要骨架，主根不明显，侧根上会形成大量须根。根蘖根系是指软籽石榴根基部不定芽活动形成根蘖，其特点与茎源根系相似，软籽石榴根蘖主要发生在树体基部距地表 5 ～ 20 cm 处树干和靠近树干的大根基部；实际栽培中根蘖根系会在树干基部产生大量丛生的根蘖苗，这类根蘖苗生长快速，对营养需求大，严重影响树体通风，在消耗树体营养的同时与主干进行营养物质的竞争，不利于树体的正常生长，须及时抹除或剪除。

软籽石榴根系按照形态的不同还可分为骨干根、须根和吸收根。骨干根是指寿命长的较粗大的根，直径一般在 1 cm 以上。须根是指粗度小于铅笔粗细且分枝较多的细根，须根上常有大量根毛，是吸收水分和养分的主要器官。吸收根是指生长在须根上的白色根，在适宜条件下可以生长成为骨干根。石榴还有一部分暂时性吸收根，数量较大，吸收面积广，但寿命短，一般不超过 1 年，是石榴根系中主要的吸收器官，主要负责水分和营养吸收，以及氨基酸和多种激素合成。

（三）根系的年生长动态

石榴根系在 1 年内有 3 次生长高峰。每年的 3 月上旬开始是第一次高峰，6 月下旬进入第二次高峰期，9 月初到达第三次生长高峰。

1. 第一次生长高峰

3 月上旬开始，软籽石榴开始进入初花期，也是叶片增大期，地上部分的旺盛生长会消耗大量树体贮藏的养分，此时根系亦进入了第一次生长高峰。根系的快速生长有利于扩大营养吸收面积，吸收大量营养以保证地上部分的正常生长，为后期大量开花坐果做准备。经过一段时间的根系生长高峰期，根系生长势逐步减弱，地上部分进入盛花期，开始大量坐果，由于消耗了树体营养，从而抑制地下部分的生长。

2. 第二次生长高峰

一般在6月底至7月初，此时新梢停止生长，果实即将加速生长、花芽第二次分化，根系出现第二次生长高峰。这个时段地上部分叶片多、同化能力强、果实迅速膨大、花芽大量分化、秋梢开始生长，所需养分急剧增加，所以根系在此时期也极速生长并吸收大量营养。在幼果期的生长高峰之后，根系生长逐渐趋于平缓，吸收的营养主要供果实生长。

3. 第三次生长高峰

第三次生长高峰出现在 9 月上旬，此时果实成熟并逐步采收完毕，养分开始回流，所以新根生长加快，吸收更多的营养来保证果实成熟和果实采收后树体营养积累，以便安全越冬。果实采收完后，进入秋季落叶期，气温逐渐下降，根系生长越来越慢，到 12 月上旬 30 cm 土层地温稳定在 8℃ 左右时停止生长，即进入休眠期。

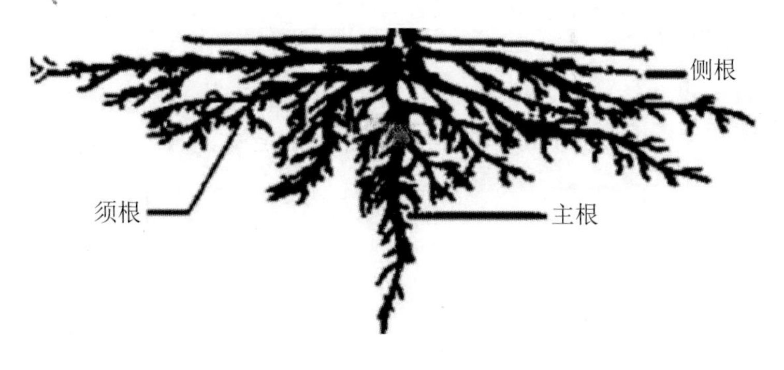

图 2-1　根系

二、干与枝

（一）干与枝的形态特征

软籽石榴为落叶灌木或小乔木，分枝较多，主干不明显。树干上常散生瘤状突起，夏秋季节老皮呈斑块状纵向翘裂，易剥落。1年生枝条灰褐色，较光滑，韧性良好，抗机械压力性强，上部继续抽生出的较短枝条顶端退化，形成针刺；多年生枝及主干表皮深褐色，粗糙，有瘤状突起，主干和骨干枝多往顺时针方向扭曲，以抵御大风，减轻丰产期过量负载对树体产生的压力。

嫩枝有棱，呈四棱形或六角菱形，先端浅红色或黄绿色，秋季老熟后近圆形，灰褐色。生长健旺的营养枝上常产生大量对生或者轮生 2 次枝或 3 次枝，造成树冠内枝条密集，需定期进行修剪。旺枝先端会形成针状茎刺，刺的多少与品种及树势强弱有关。丽江金沙江干热河谷地区种植面积较大的突尼斯软籽石榴相较于其他传统石榴品种，刺枝相对较少，枝条也相对较软。

软籽石榴的芽萌发后长出各类枝条。枝条种类繁多，长短不一，根据长度不同，可分为叶丛枝、短枝、中枝、长枝和徒长枝，其中长枝和徒长枝顶端一般没有顶芽，多自枯或形成针刺。枝条基部的潜伏芽萌发形成叶丛枝，节间很短，当年不能发育为果枝。短枝长度为 2 ～ 7 cm，节间较短，少量短枝可在当年转化为结果枝，其余形成针刺枝。中枝是指长 7 ～ 15 cm 的枝，顶端易出现花芽而形成结果枝。长度大于 15 cm 的枝属于长枝，多数作为营养枝培养，是扩大树冠、构成树体结构及结果枝组和进行枝组更新的基础。

（二）干与枝的生长

石榴是多枝树种，枝条细弱，腋芽明显，冠内枝条交错互生，主侧枝区分不明显，常在先端形成针刺。大部分枝条为一强一弱对生，少部分一强两弱或两强一弱轮生。侧枝多卷曲，自然生长的树形有自然开心形、自然圆头形、自然疏散分层形等，枝条抱头生长，扩冠速度慢，内膛枝衰老快，易枯死，坐果性差。

石榴树干是树体框架的主要结构，4 月下旬至 9 月中旬处于径粗增长阶段。整个阶段大致有 3 个生长高峰期，即 5 月上旬、6 月上旬和 7 月上旬，进入 9 月后生长明显减缓，到 9 月底干径增粗生长基本停止。

石榴树枝条的年生长高峰出现在4月底至5月初期间，5月中旬后生长速度明显减慢，到6月初春梢基本停止生长，部分枝条在顶端花芽分化后形成花蕾，在基部多形成刺枝，随之进入盛花期；夏梢于7月上旬开始生长；秋梢生长始于8月中、下旬，秋梢停止生长后，枝条顶端多形成针刺，刺枝两侧会有2个侧芽产生，条件适宜时生长发育成枝条以扩大树冠增加树高。石榴树刺枝和针刺的形成利于植株安全越冬。

（三）枝的类型及功能

枝由叶芽或混合芽萌发生长而成，组成树体的骨架，是叶片、果实着生的部位。根部吸收的营养物质通过枝条内木质部的导管运送到树体各个部位，并将地上部分制造的有机物质通过皮层筛管运输到根部。因此，枝条又是运输水分、养分的重要通道。枝条因所处位置、形态差异、萌发先后、枝龄大小等而有不同。按枝条功能及作用不同可分为：

1. 主干、主枝和侧枝

树体地上部分从根茎到树冠分枝处的部分叫主干。着生于主干上的大枝叫主枝，着生于主枝上的枝叫侧枝，结果枝着生于各个侧枝或主枝上。

2. 新梢、1年生枝、2年生枝

由芽当年萌发形成的枝叫新梢，新梢成枝落叶后到翌年的枝条叫1年生枝，1年生枝再长1年后叫2年生枝。3年、4年生枝和多年生枝依此类推。

3. 生长枝（营养枝）

由1年生枝上部的芽或中部芽萌发而来，长度不一，当年只长叶不开花的枝叫生长枝或营养枝。根据长势的强弱又分为普通生长枝、徒长枝、纤细枝等。

（1）普通生长枝是树冠内生长健壮，发育良好，有时还进行二、三次生长的枝。这类枝条是构成树冠骨架、扩大树体、发育成结果枝的主要枝，在幼树、结果树占比较多，老弱树上较少。

（2）徒长枝是树冠内节间长、长势较旺、着生叶片小、芽体瘦弱的一类枝条，常具三、四次枝，导致树冠内膛过密影响通透性和树体营养均衡。在幼树和丰产树上要适当疏除，或进行拉枝、捋枝改变枝条着生方向，衰老树上可作为更新复壮的主要枝条。

（3）纤细枝是树冠内较为瘦弱，长度小于 30 cm，着生的芽体细小，组织不充实的一类枝条。生长良好时，纤细枝也可以转化为结果枝，在生产上防止枝条过密，争夺营养，应适时剪除，或稍加短截。

4. 结果母枝

是石榴树体上生长缓慢、组织充实、营养丰富、枝芽饱满，能够抽生结果枝的枝条。由多年生枝和当年生健壮枝发育而成，此类枝条上的混合芽在当年或翌年春季抽生枝条发育成结果枝在当年开花结果。

5. 结果枝

在当年抽生的 1 年生枝能直接开花结果的枝类型。软籽石榴的结果枝是结果母枝上的混合芽萌发抽生的新梢，在顶端开花结果，属 1 年生结果枝类型。按枝条长度可以分为长、中、短和徒长性结果枝 4 种。

（1）长结果枝：长度≥ 20 cm，着生叶片 5 ～ 7 对，着生 1 ～ 9 朵花的结果枝。这类枝条开花最晚，于 5 月中、下旬开花，但数量较少，坐果不多。

（2）中结果枝：长度为 5 ～ 20 cm，具有 3 ～ 4 对叶，有 1 ～ 5 朵花的结果枝。大部分于 5 月上、中旬开花，败育花数量大，结果能力一般，但枝条数量较多，是重要的结果枝类型。

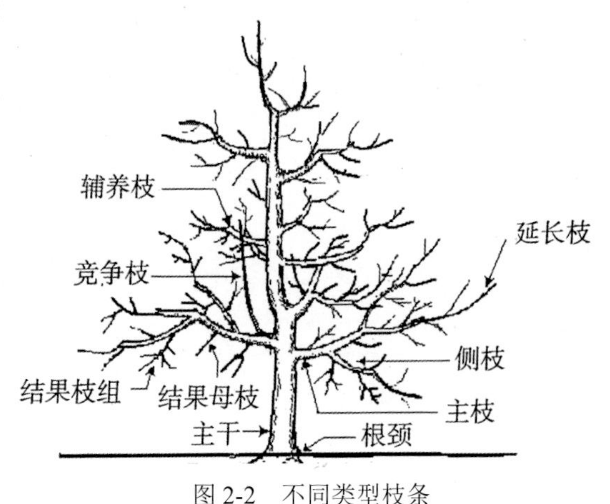

图 2-2　不同类型枝条

（3）短结果枝：长度≤ 5 cm，具有 1 ～ 2 对叶，着生 1 ～ 3 朵花的结果枝。这类枝开花较早，多于4月中、下旬开花，完全花多，坐果率较高，结果牢靠，是主要的结果枝类型。

（4）徒长结果枝：6 月下旬以后树冠外围骨干枝上生长出的具多次分枝，长度大于 50 cm，在分生的多个侧枝上个别侧芽形成混合芽，抽生极短结果枝。

三、芽

芽是石榴树上一种临时性的重要器官，是各类枝条、叶片、花和果实等营养器官、生殖器官的原始体。石榴树的生长和结果、更新和复壮等重要生命活动都是通过芽的生长发育来实现的。

芽的类型因其功能、着生位置、芽体大小、形成特征和生长发育规律等不同而有差异。

（一）按芽的功能分

1. 叶芽

萌发后形成石榴树枝叶的芽。芽体多呈三角形，瘦小，先端尖锐，鳞片狭小。叶芽在当年春季萌发形成新梢，这类新梢一般只发育成为发育枝和中短枝。随季节变化，叶芽的颜色也在紫色、绿色和橙色之间逐渐变换。叶芽是未结果幼树上的主要芽类型，进入结果期后，随着生长需求的不同，部分叶芽分化成花芽，开始开花结果。

2. 花芽

石榴树没有明显的花芽，多以混合芽形式表现，混合芽内含有花、叶和枝的原始体，其外形饱满，芽体较大，卵圆形，鳞片包被紧密，多数着生在不同类枝组的中间枝（叶丛枝）顶端。萌发后在新梢顶端形成 1 至数个花蕾。但软籽石榴的混合芽多数分化程度差，发育不良，其外形与叶芽很难区分。混合芽的萌发状态与其芽体的质量有关，营养状况不好的混合芽萌发形成果枝花器时常发育不良，成为退化花不能正常结实；质量好的混合芽多着生在 2 ～ 3 年生健壮枝上，正常发育成结果枝。

3. 中间芽

是石榴树上各类极短枝上的顶生芽，周围轮生许多叶片，无明显腋芽。软籽石榴的中间芽外形与混合芽相似，数量多，生长缓慢，大部分在当年仍为中间芽，也有小部分在生长过程中发育成混合芽抽生结果枝，或以隐芽的状态存在，在外界条件刺激下萌发成旺枝。

（二）按芽的着生位置分

1. 顶芽

着生于各类枝条顶端的芽。顶芽处于枝条顶端优势位置，营养充足，发育充实，容易萌发并形成长枝。石榴树的营养枝顶芽多退化形成茎刺，只有中间枝才有顶芽。顶芽多为混合芽，有些品种顶芽易自枯形成针刺。

2. 腋芽（侧芽）

着生在枝叶腋间的芽。腋芽的萌芽和成枝能力因着生位置不同而有差异，同时受顶端优势的影响。位于枝条上部的侧芽易萌发成中、长枝，中部侧芽抽枝能力逐渐减弱，到下部侧芽因营养不足基本不萌发，或虽萌发也无法抽生新枝。

3. 隐芽

1 年生枝上当年形成的芽，在当年或第二年春天甚至连续几年都不萌发而潜伏下来伺机萌发的芽。隐芽发育迟缓，不能正常萌发，在外界条件的刺激下，营养物质转向运输给隐芽，刺激其萌发形成长枝和旺枝。隐芽寿命极长，可多年不萌发，在衰老树的老枝上存在，遇到刺激后都可萌发形成旺枝促进衰老树的更新复壮。

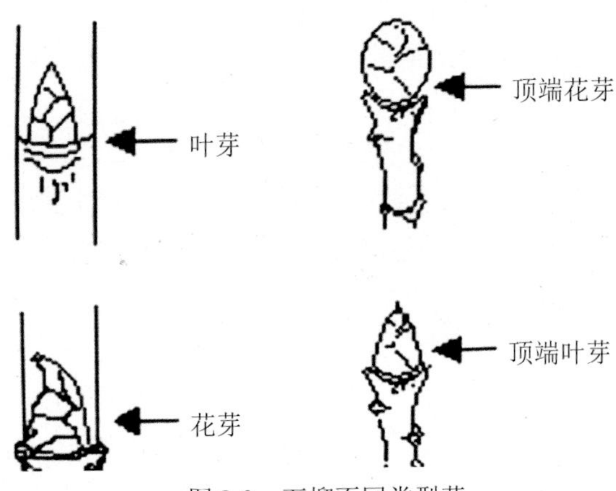

图 2-3　石榴不同类型芽

软籽石榴树的芽具有异质性，各类芽因其发育状况、芽体大小、着生位置、充实程度和形态特征等的不同，而导致芽的萌发能力、抽生的枝条类型以及结的果实均有差异。在栽培管理中，应合理利用芽的异质性，培养优质芽，以抽生骨干枝和健壮的结果枝。

四、叶

（一）叶的形态特征

软籽石榴叶片：单叶，无托叶。纸质，矩圆状披针形，顶端短尖、钝尖或微凹，基部短尖至稍钝形，长 2 ～ 9 cm，宽 1 ～ 1.8 cm，叶面光滑、质厚，叶脉网状多为红色，侧脉稍细密；上面光亮富蜡质层，具有反光、抑制水分蒸腾等功能，是抗旱、耐旱的重要标志。叶片伸展初期，不同品种呈现不同的颜色，如突尼斯软籽石榴幼叶紫红色。随着叶片的不断伸展，叶色逐渐转为深绿色。

叶片形状因品种、树龄等而不同。而叶片大小随枝条种类、着生部位和年龄的不同而表现为大小不一。短枝上着生的叶片多簇生，较小，叶间距也较小；中长枝上的叶片质薄而大，叶间距也较大。枝条顶部叶片小而薄，多为淡绿色；中部叶片深绿色，表现为宽大、肥厚；枝条基部的叶片受营养状况的影响也较小。

（二）叶的着生方式

软籽石榴叶通常对生或簇生，有时呈螺旋状排列。旺盛的徒长枝上多为 3 片大小基本相同的叶轮生，也有少许 9 片叶轮生现象，每 3 片叶一组包围 1 个芽，由两侧较小的叶包围中间 1 片较大叶。2 年生及多年生枝条上的芽较饱满，叶片生长不规则，多 3 ～ 4 片叶包围 1 芽轮生。

（三）叶的生长动态

叶是软籽石榴进行光合作用、制造有机物的器官。春季石榴叶从萌芽到展叶需 10 天左右，展叶后叶片逐渐生长，大约 30 天时间定型，生长旺盛期的时间缩短。树体营养状况、水肥条件、叶片着生部位及生长季节影响叶片的生长速度。正常情况下，1 片叶的功能期（春梢叶片）在 180 天左右；夏秋梢叶片的功能期相对缩短。

图 2-4　嫩叶和成叶对比

五、花

（一）花的结构

软籽石榴花为两性花，子房下位，花萼轮生在花器最外围，花萼内壁上方着生花瓣，中间是雌蕊，中、下部排列着雄蕊。萼筒圆柱形，与子房连生，先端分裂为 5 ～ 7 枚萼片，多数为 6 枚，萼片较硬，肉质，肥厚宿存，闭合或张开，呈王冠状。石榴花的萼片形状与花的类型、坐果早晚等因素相关，常分为圆筒状、闭合状、喇叭状等几种，萼片的形状是不同石榴品种分类的重要依据。

花冠内有雌蕊 1 个，居于花冠中央，花柱长 10 ～ 12 mm；雌蕊初为红色或淡青色，成熟的柱头圆形具乳状突起，上有绒毛。雄蕊 220 ～ 230 枚，雄蕊花丝为红色或黄白色，成熟的花药及花粉金黄色，花丝无毛，长 51 mm，着生在萼筒内壁，花丝长度与着生位置有关，下部花丝较长，上部花丝较短，子房发育，待成熟后变为多室多籽的浆果。

花大，两性，辐射对称；1 ～ 5 朵生枝顶，单生或几朵簇生或组成聚伞花序；花瓣通常大，红色，长 1.5 ～ 3 cm，宽 1 ～ 2 cm，顶端圆形，花瓣 5 ～ 9 枚，瓣质薄多皱褶，覆瓦状排列，花瓣数量与萼片数量基本相同；萼革质，萼管与子房贴生，且高于子房，近钟形，裂片 5 ～ 9 片，镊合状排列，宿存，萼筒长 2 ～ 3 cm，通常红色，裂片略外展，卵状三角形，长 8 ～ 13 mm，外面近顶端有 1 黄绿色腺体，边缘有小乳突；花柱长超过雄蕊。雄蕊生萼筒内壁上部，多数，花丝分离，芽中内折，花药背部着生，2 室纵裂，心皮多数，1 轮或 2 ～ 3 轮，初呈同心环状排列，后渐成叠生（外轮移至内轮之上），最低一轮具中轴胎座，较高的 1 ～ 2 轮具侧膜胎座，胚珠多数。

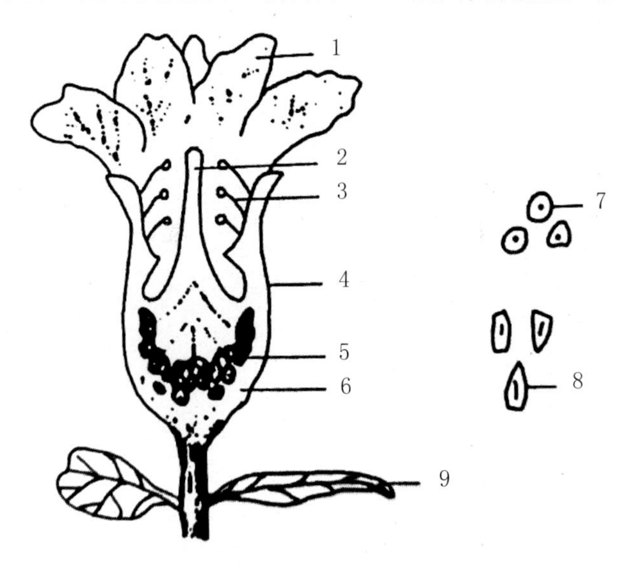

1—花瓣　2—雌蕊　3—雄蕊　4—萼筒　5—心皮　6—花托　7—花粉粒　8—胚珠　9—托叶

图 2-5　完全花结构

（二）花的类型

根据构造不同软籽石榴花可分为不完全花、中间花和完全花 3 种。

1. 不完全花

又称退化花，子房不发育，外形是上大下小呈钟状，故名为“钟状花”。该花胚珠发育不完整，萼筒细小，雌蕊发育不全或全部退化，不能坐果，俗称“公花”。

2. 中间花

雌蕊发育和雄蕊高度相平或略低，呈筒状。子房较小，胚珠发育不全，也可以坐果，但坐果率较低，果内籽粒小而少，俗称“筒状花”。

3. 完全花

完全花子房发达，下部略大或上下等粗、腰部略细，这种花的雌蕊一般高于雄蕊，结果率较高。

图 2-6　不同类型花对比（不完全花、完全花）

（三）开花动态

软籽石榴花败育现象严重，当雌蕊出现没有或瘦小明显低于雄蕊的情况时，整朵花不能完成正常的受精，多凋落，这类软籽石榴花被称为败育花或雄花。正常发育的两性花，雌蕊健壮，与雄蕊等高或明显高于雄蕊，能完成正常的授粉受精，正常开花坐果，这样的花被称为完全花或雌花。

软籽石榴树品种不同，其完全花和败育花比例也不同。出现总花量大，完全花比例高或比例较低；总花量少，完全花比例高或比例较低等多种现象。而同一品种间，完全花和败育花比例因花期前后、开放早晚、气温高低、水肥管理等因素的不同而有较大差异。

石榴开花动态较复杂，受自然因素和品种自身等多种因素影响，一些特殊年份石榴开花习性受气候因素的影响，也并不完全遵循以上规律。有与之相反的现象，即前期败育花量大，中后期完全花量大；也有前期完全花量大，中期败育花量大，而到后期又出现完全花量大的现象。

（四）花的特点

软籽石榴的花有顶花和侧花之分。顶花着生于结果枝顶端，发育良好，开花早，结果率高；侧花位于结果枝顶生花下的叶腋间，大多数发育差，开花迟，结实率低。

软籽石榴的花量大，但对于以生产果实为目的的软籽石榴树，完全花的数量决定了其产量。完全花的多少与品种、树势等因素有关，而生长势又与树龄、地理条件及综合管理水平有关。

软籽石榴自然落蕾、落花、落果现象严重。由于软籽石榴的花量大，正常花在受精后，在子房膨大期间，也会有40%左右脱落，退化花则全部脱落。软籽石榴花期营养需求量大，基肥不足或春季追肥不及时的果园落花落果现象会更加严重。在正常的果园管理中，应加强施入冬季果园基肥的工作，多用农家肥、商品有机肥，配合施入生物菌肥，减少化肥的使用。在开花前根据土壤肥力状况及时补充水分和养分，保证后期的开花坐果。

六、果

石榴果实球形，顶端有宿存花萼裂片，果皮厚；种子多数，种皮外层肉质，内层多骨质；胚直，无胚乳，子叶旋卷。果实由下位子房发育而成，成熟果实球形，果面光洁，少数果实会因管理不善或品种特性有点状或块状果锈；软籽石榴果皮薄，厚度约3 mm，幼果期为绿色，成熟期变为红色，果皮内包裹着众多籽粒分别聚集于多心室子房的胎座上，室与室之间有隔膜，每颗果实内含有种子100～900粒。

丽江范围内种植的软籽石榴因种植地海拔不同，成熟时间也有所不同，在海拔1400 m以下种植的地区，第一批果实8月下旬成熟上市；海拔1400 m以上地区种植的地区，果实9月中下旬成熟上市。软籽石榴果实成熟后，果实向阳果面全红，底色呈黄色；果皮表面光滑艳丽，全果可食率基本在60%以上，果粒大而饱满，颜色鲜艳，为紫红色，核较软，汁水多，口感好。

图 2-7　石榴果实

第二节　生长结果习性

一、生命周期

软籽石榴树在丽江范围内属落叶果树，在热带则为常绿植物。因受环境、品种等的影响，在萌芽与成枝、生长与结果、衰老与更新、整体与局部等诸多方面，形成不同的生物学特性。为了掌握不同树龄时期软籽石榴树的生长结果习性，配合适宜的栽培管理技术，根据不同时期生长发育规律的变化，将软籽石榴树生命周期分为幼树期、结果初期、结果盛期、结果更新期和衰老期 5 个时期。

（一）幼树期

通常指从苗木定植到开始开花结果这段时期。此期树体幼小，根系幼嫩，分布浅，地上部分营养弱，枝条多呈单轴延伸，并发出 3 次枝和少量多次枝。此期的主要任务是缩短缓苗期，促进旺盛生长，使其尽快成形。这个时期应保证树体所需的营养，促进根系和地上部分快速生长，培养良好的树势，为初次开花坐果创造条件。此期一般 2 ～ 4 年，干性强的品种（实生苗）为 3 ～ 5 年。

在栽培管理中，要注重水肥管理，轻度修剪多留营养枝，促进根系和枝叶生长，快速形成树体骨架。

（二）初果期（结果初期）

初果期是指从开始结果到进入盛果期之前的整个时期，此阶段具有一定经济产量，一般为定植后的 3 ～ 5 年。这一阶段，树体进入结果期，但前期营养生长仍占优势，树体生长旺盛，树冠横向生长加快，发育枝及结果枝逐年增多，覆盖面积增大，结果能力逐年提高。初结果前期产量不高，随着单株结果量逐年增加，后期营养生长开始下降，发育枝数量明显缩减，产量不断增加，营养生长向生殖生长过渡，生长逐渐趋于平缓。

这个时期的果园管理，应在综合管理的基础上，培养好骨干枝、保持良好的树势、控制好水肥，保证果园产量逐年增长。

（三）盛果期

盛果期是从有经济产量起经过高产稳定期最后到产量开始连续下降的阶段，此期一般从第 6 年左右开始，一般情况下，盛果期可延续 15 ～ 20 年。该时期树冠和根系发育达到最大限度，骨干枝离心生长停止，发育枝年生长量少，树体贮备养分增加，多数发育枝转化为结果母枝，进入壮龄阶段，果实产量达到最高峰，且树体健壮，骨干枝牢固、稳定，结果枝进行有规律的自然更新。同时，由于营养物质大量消耗，树冠和根系生长受到抑制，少数树冠内膛因光照不足、通风条件不良，骨干枝出现干枯现象，结果部位外移，没有新的健壮的结果枝填补，出现了或大或小的空隙，内膛空虚。

此时需要运用有效的综合管理措施，保证充足的水肥供给；合理地更新修剪，要采取回缩等手段促进萌发新枝，均衡营养枝、结果枝和预备枝，保证后期生长和结果达到平稳状态；还要做好花果管理工作，达到均衡结果。

（四）结果更新期

结果更新期亦称衰老结果期，为盛果期的延续，高产、稳产的状态减弱，产量明显下降，直到果园基本无经济效益为止。通常，软籽石榴栽种后从第25年开始进入结果更新期，此期树体生长、结果能力开始衰退，新生枝条数量减少，树冠下部的枝条因长期处于光照不足和营养较差的状况开始大量死亡。中上部骨架也因枝条中后部位的结果枝衰老死亡，不能再萌生发育枝而逐渐光秃，从而促使隐芽或结果母枝抽生发育枝对后部（内膛）进行局部更新，树冠体积逐渐缩小，结果部位减少，产量开始下降。

管理上，要注重疏花、疏果保持树势均衡；果园需进行深翻改土，改良土壤促进根系更新；修剪过程中应适当重剪回缩，促进枝条更新。还可以利用石榴根系较强的萌蘖能力，在树体基部高培土，促进萌蘖苗的形成和根系更新复壮，为老树更新做准备。

（五）衰老期

衰老期是树体生命活动进一步衰退时期，此时果园经济收入基本为零，大部分枝条不能正常结果直至死亡。树体生长结果能力明显衰退，根系大量衰亡，因骨干枝逐年衰亡，树高和冠幅显著缩小。由潜伏芽形成的更新枝在树干和残存的骨干枝的各个部位萌生，造成树冠残缺、枝稀叶疏、产量很低。石榴树的衰老期一般在80年以后，由于我国软籽石榴引种栽培时间较短，对软籽石榴的栽种历史观察时间不够长，目前无法确定软籽石榴具体衰老期。

此时的果园管理以老树更新复壮为主，应借助合理的修剪措施，借隐芽和结果母枝不断萌生更新枝，伐除老树主干，培养蘖生苗，或是通过老桩嫁接的方式进行更新。同时也要加强水肥管理，保证充足的养分供应，能使衰老期维持更长年限，但因结果少、产量低，经济意义不大。最佳方案是挖出老树，重新建园。

二、开花习性

（一）影响开花的因素

影响开花动态的因素很多，有地理位置、地势、土壤状况、湿度、雨水等自然因素，还与品种特性、树势强弱、树龄、着生位置、营养状况等有关。生长良好，结果枝强壮的植株完全花率高；同一品种随着树龄的增大，其败育花比例越来越高；土壤肥力也对开花有较大影响，生长在土质肥沃条件下的石榴树比生长在较差立地条件下的完全花率高；树冠上部比下部、外围比内膛完全花比率高。

（二）花芽分化

石榴花芽主要由上年生短枝的顶芽、多年生短枝的顶芽，甚至老茎上的隐芽也能发育成花芽。软籽石榴的花蕾形成时间不一致，花的开放期时间也不一致，花期一般长达 2 个月以上。软籽石榴先展叶后开花，春季新梢萌发后，在顶端和叶腋处形成花蕾。果农习惯上把软籽石榴花分为 3 期，即头花、二花、末花，各时期开花时间有交集，没有明显的界线。正常年份 3 月中下旬现蕾；头花花蕾由上年较早停止生长的春梢顶芽的中心花蕾组成，翌年 5 月上、中旬开花；二花花蕾由上年夏梢顶芽的中心花蕾和头批花芽的腋花蕾组成，翌年 4 月中下旬开花，一般前期和中期的花容易坐果，品质较好，决定着当年石榴的产量和质量。末花花蕾主要由秋梢于翌年 4 月上中旬开始分化的顶生花蕾、头花花芽的侧花蕾和二花花芽的腋花蕾组成，5 月中、下旬开花，迟则 6 月初开完最后一批花，末花发育时间短、完全花比例低，坐果率相对较低，且果实小。为防止此类花果消耗大量营养，影响前期果实的生长，在生产上适当控制。

温度对石榴花芽分化影响较大，适宜温度为月均温 20℃±5℃。生产上，低温是限制花芽分化的主要因素，月均温低于 10℃ 时，花芽分化减弱甚至停止生长。

（三）花序类型

石榴花蕾着生在结果枝顶端，通常着生 1 ～ 9 个花蕾，以 7 ～ 9 个花蕾的着生方式较常见，但都有一个共同的特点，即 1 个顶生，其余为侧生，顶生的中间花蕾多为两性完全花，开花早且都能成果，两侧的侧位花蕾多发育不良而凋谢，仅有少数 2 ～ 3 个能发育成果，但果实较小，商品率不高。

（四）蕾期与开花

石榴树上出现单个绿豆粒大小的花蕾可辨定为现蕾，现蕾至开花需要 5 ～ 12 天，春季蕾期温度低，经历时间长，可达 20 ～ 30 天；花蕾常多个簇生，分为主位蕾和侧位蕾，主位蕾比侧位蕾开花早，现蕾后，随着花蕾增大萼片开始分离，分离 3 ～ 5 天后花冠开放。

花开放一般在上午 8 点前后，从开花到完全凋谢一般需要 2 ～ 5 天。石榴花散粉的时间一般在花瓣展开的第二天，当天不散粉。

（五）授粉规律

石榴自花、异花均可授粉结果，以异花授粉结果为主。自花授粉平均结实率 33.3%；异花授粉平均结实率 83.9%，其中败育花异花授粉的结实率为 81.0%，完全花异花授粉的结实率为 83.3%。不同品种，虽完全花、败育花的花粉都有受精能力，但自花结实和异花结实的能力因品种不同而不同。

软籽石榴能够正常授粉受精、坐果的花仅占总花量的 4.0% ～ 50%，平均在 29% 左右，坐果后 10 ～ 15 天，有一个正常的生理落果期。在肥水管理好的果园里，生理落果较少，而在前期施肥少的果园，遇到高温干旱天气时，落果现象就十分严重。一般 100 个幼果，在采摘时仅存 20 ～ 40 个，平均 35 个左右，坐果成功率仅占幼果的 35%，占总花的 10% 左右，占正常花的 20% 左右。

三、结果习性

（一）结果枝与结果母枝

软籽石榴结果枝多一强一弱对生，结果母枝多为上年形成的营养枝，也有 3 ～ 5 年生的营养枝，营养枝向结果枝转化的过程，实质上就是叶芽状态向花芽转化。营养枝向结果枝的转化时间因营养枝的状态而不同，需 1 ～ 2 年或当年即可完成，因此在当年抽生新枝的二次枝上有开花坐果现象。徒长枝生长旺盛，分生数个营养枝，通过整形修剪等管理措施，可以使部分营养枝的叶芽分化为混合芽，抽生结果枝而开花结果。

石榴在结果枝顶端开花结果，长 1 ～ 30 cm，着生叶片 2 ～ 20 个，顶端形成花蕾 1 ～ 9 个。结果枝上顶端若坐果，枝上腋芽当年一般不再萌发抽枝。结果枝养分消耗多、衰老快，生长在结果枝上的叶片落叶较早。

结果枝芽在冬春季比较饱满，春季抽生的枝条顶端开花坐果后，由于养分运输到顶端供花果生长，使得结果枝比对位营养枝粗壮。结果枝芽在长结果母枝和短结果母枝上抽生的结果枝数量比例不同。长结果母枝上的结果枝比率平均为 83% 左右，短结果母枝上的结果枝比率16%左右。

（二）结果枝的配置

在软籽石榴幼树期，每年在主枝上利用长、中果枝培育成小型结果枝组或若干个单个结果枝。在主枝的背上、两侧等部位，利用徒长枝、竞争或外围的强旺枝（结合夏剪）培养1～2个大型结果枝组和2～3个中型结果枝组，并注意大中型结果枝组的及时更新。

在软籽石榴盛果期，每个主枝的侧面可交错留出2个大型结果枝组，伸向行间距1 m左右；留出3～4个中型结果枝组；采用“见缝插针”技术培养小型结果枝组合配备结果枝若干个。

在软籽石榴树衰老期，对于中、小结果枝组视其生长状况适当回缩进行更新，冬剪时每年都必须把配备永久型结果枝组和更新复壮永久性枝组作为重点，及时剪除枯死的结果枝。徒长性果枝留40～50 cm；长果枝留30～40 cm；中果枝留15～25 cm；短果枝和花束状枝重剪截，适当疏除。

（三）石榴坐果

石榴花期较长，一般自头花开花至二花坐果历时2个多月，花量大，花又分为两性完全花和雌性败育花两种。败育花因不能完成正常受精作用而落花，两性完全花坐果率盛花前期比率高，坐果率也高。随着花期推迟，完全花比率降低，坐果率也随之下降。在花期内坐果愈早果实品质越好，商品价值越高；随着坐果期推迟，果实、籽粒变小，可溶性固形物含量降低，石榴果皮变薄，容易产生裂果，商品价值下降。

（四）果实生长

石榴从受精坐果到果实成熟采收的生长发育需要110～120天，果实发育大致可分为：幼果速生期（前期）、果实缓慢生长期（中期）、采前稳长期（后期）3个阶段。幼果期出现在坐果后的5～6周时间内，此期果实膨大最快，体积增长迅速。果实缓长期出现在坐果后6～9周，历时20天左右，此期果实膨大较快，体积增长放缓。采前稳长期，即为果实生长后期、着色期，出现在采收前6～7周，此期果实膨大再次转快，体积增长稳定，果皮和籽粒颜色由浅变深逐渐达到软籽石榴固有的颜色。

在果实的整个生长发育过程中，横径生长量始终大于纵径，其生长规律与果实膨大规律相同，即前、中、后期为快、缓、较快的变化模式。但果实发育前期纵径绝对值大于横径，而果实发育后期及结束，横径绝对值大于纵径。

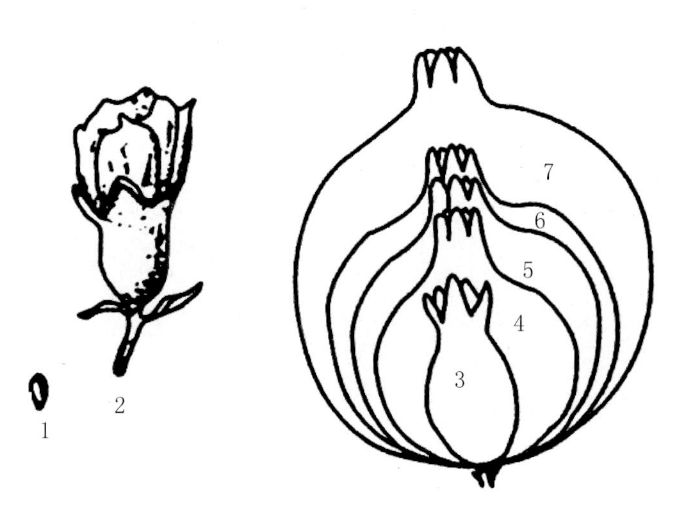

1—3 月下旬 2—5 月中旬 3—5 月下旬 4—6 月上旬 5—7 月中旬 6—8 月中旬 7—9 月上旬

图 2-8 软籽石榴果实发育过程

（五）果实着色

软籽石榴果实成熟时，果面全红，决定果实色泽发育的色素主要有叶绿素、胡萝卜素、花青素及黄酮类物质等。

石榴果实色泽随着果实的发育有三大变化：第一阶段，花期花瓣及子房为红色或白色，直至授粉受精后花瓣脱落，果实由红色逐渐变为青色，需 2 ～ 3 周；第二阶段，果皮青色，在幼果生长的中后期和果实缓慢生长期；第三阶段，在 7 月下旬或 8 月上旬，因坐果期早晚有差别，开始着色，随着果实发育成熟，花青素增多，阳面的果实色泽逐渐转为红色。

果实着色受树体营养状况、光照、水分、温度等影响。果树徒长，氮肥施用量过大，营养生长特别旺盛则不利于果实着色；树冠内膛郁闭，透光率差影响着色；一般干燥地区着色好一些，在较干旱的地方，灌水后上色较好；昼夜温差大时有利于着色，石榴果实接近成熟的9月上、中旬着色最快，色泽变化明显，说明与温差大有显著关系。

第三节　物候期

软籽石榴为落叶果树，每年有1个从萌芽、开花、结果到落叶休眠的年生长周期。在这个周期中有2个明显的不同阶段，即相对静止的休眠期和非常活跃的生长期。软籽石榴从萌芽至落叶为生长期。在生长期里，包含了营养生长（枝叶与根系生长）、生殖生长（开花坐果、果实生长与花芽分化）和营养积累3个过程。在整个生长季节它们相互依存又相互制约。软籽石榴树为适应不良环境，如低温、干旱、高温等而进入休眠期。

石榴树物候期因栽培地区、海拔、年份、品种习性等多种因素的不同而有差异，气温是影响物候期的主要因子。在丽江金沙江干热河谷地区，软籽石榴物候期为：

一、根系活动

春季根系最早开始活动，给萌芽提供必要的水分、营养和促进细胞分裂和生长的激素。在金沙江沿岸气温较高的永胜县涛源镇、片角镇等种植区域，软籽石榴吸收根在2月中旬（旬30 cm平均地温8.5℃）开始活动，3月中旬（旬30 cm平均地温14.8℃）新根大量发生，出现第一次新根生长高峰，第二次新根生长高峰出现在6月下旬，第三次新根生长高峰出现8月底9月初；在气温较低的永胜县三川镇、光华乡等种植区域，软籽石榴吸收根在3月上旬（旬30 cm平均地温8.5℃）开始活动，4月上旬（旬30 cm平均地温14.8℃）新根大量发生，出现第一次新根生长高峰，第二次新根生长高峰出现在6月底7月初，第三次新根生长高峰出现9月底10月初。根系与枝叶生长有时同步进行，有时交替生长，反映了营养分配中心的转移。

二、萌芽、展叶期

在金沙江沿岸气温较高的涛源、片角等种植区域，2 月下旬至 3 月上旬，旬平均气温 11℃ 时萌芽，随着新芽萌动，嫩枝很快抽出叶片展开。在气温较低的三川、光华等种植区域，3 月中下旬平均气温 11℃ 时萌芽，随着新芽萌动，嫩枝很快抽出叶片展开。

三、初蕾期

在金沙江沿岸气温较高的永胜县涛源镇、片角镇等种植区域，3 月中旬现蕾，花蕾如绿豆粒大小，旬平均气温 14℃；在气温较低的永胜县三川镇、光华乡等种植区域，4 月上旬现蕾。

四、初花期

在春季新梢停止生长后，进入开花坐果期，花果是当时营养分配的中心。在金沙江沿岸气温较高的永胜县涛源镇、片角乡等种植区域，3 月下旬进入初花期，旬平均气温 22.7℃；在气温较低的永胜县三川镇、光华乡等种植区域，4 月中旬进入初花期。

五、盛花期

在金沙江沿岸气温较高的永胜县涛源镇、片角乡等种植区域，4 月中旬至 4 月底盛花期，历时 20 天，此期是坐果盛期，旬平均气温 24 ～ 26℃；在气温较低的永胜县三川镇、光华乡等种植区域，4 月下旬至 5 月中旬盛花期。

六、末花期

在金沙江沿岸气温较高的永胜县涛源镇、片角乡等种植区域，5 月下旬至 6 月中旬开花结束进入坐果期，旬平均气温 28℃ 左右，开花基本结束；在气温较低的永胜县三川镇、光华乡等种植区域，6 月中旬至下旬开花结束进入坐果期。

七、果实生长期

5 月下旬至 9 月中下旬为果实生长期，旬平均气温 18 ～ 24℃，果实生长期为 120 天左右。花芽当年第 2 次分化与果实迅速生长重叠，是当年产量与翌年产量相矛盾的时期，所以应加强肥水供应。

八、果实成熟期

8中旬至9月下旬，旬平均气温18～24℃，为金沙江干热河谷不同地区的软籽石榴成熟期，根据不同地区的小气候差异，成熟期有早晚之分。在丽江市永胜县的涛源镇、片角乡等地，气温较高，果实成熟较早，一般在8月中下旬成熟；程海镇种植区9月初成熟；三川镇气温较其他地区低，一般在9月中旬果实成熟。

九、落叶期

10月份以后多数品种已采收，树体进入营养积累期，此时保叶不仅壮芽、壮枝，还为翌年结果奠定基础。因此，在11月下旬至12月初期间，旬平均气温在11℃左右，石榴地上部分年生长在旬平均气温稳定通过11℃时开始或停止，各地软籽石榴开始进入落叶期。根据地区小气候的不同，在金沙江干热河谷区，各地落叶期稍有差异。

十、休眠期

11月下旬以后开始落叶休眠，金沙江干热河谷地区气候干热，休眠期较北方短，一般在70天左右。软籽石榴树的休眠有自然休眠和被迫休眠2种，自然休眠是由树体器官本身决定的，它要求一定的低温条件才能顺利通过休眠，此时，即使给予适于树体活动的环境条件也不能萌发生长。被迫休眠是指由于外界条件不适宜，树体不能萌发而被迫休眠。自然休眠期的长短与品种特性和原产地有关。被迫休眠的长短与环境条件有关，即低温期的长短有关。软籽石榴的休眠期从开始到结束大约经过2个月时间（当年11月下旬或12月初到翌年2月初）。

软籽石榴树的不同树龄和树体各器官及不同部位休眠期不完全一致，一般幼树比成年树停止生长晚，进入休眠也晚。同一株树的枝芽及小枝比树干进入休眠期早。根茎部休眠最晚而解除最早。同一枝的皮层与木质部进入休眠比形成层早。软籽石榴树在自然休眠过程中，遇到冷温回暖，然后出现的早春冻害和晚霜危害，常使花芽受害，小枝细弱枝、根茎部等组织受伤。因此，在容易出现早春冻害的地区，常采用树干涂白、春季灌水等方法延迟树体春季萌发。

第四节　对环境条件的要求

软籽石榴树生长发育必须要素有土壤、光照、温度、空气等，而种植地的风向、地形、地势、昆虫、鸟类、菌类及大气成分对石榴树生长发育也有间接影响。有必要对各种因素进行深入研究，以最大限度了解其生长发育的需要，达到优质、高产、稳产的目的。

一、土壤

土壤是石榴树生长发育的基础，土壤的质地、厚度、温度、透气性、水分含量、酸碱度、有机质含量、微生物群落等，对石榴的地下部分及后期的生长发育都有直接影响。软籽石榴适应能力强，对土壤条件要求不严格，平原、山区均可栽培，在棕壤、黄壤、灰化红壤、褐壤、沙土等上均可生长，但较适宜栽种在土壤疏松、透气良好、微生物活跃的砂壤土或壤土之上；不适宜在黏重土壤、下层有砾石层分布的较浅土层地、河道沙滩土、白膏泥等土壤上种植，黏重土壤虽然易保墒、保肥，但在黏重土壤种植的软籽石榴果皮颜色不佳，在成熟前易裂果。软籽石榴对栽培地土壤的 pH 要求不太严格，一般情况下，pH 在 4 ～ 8.5 均可正常生长，但以 pH6.5 ～ 7.5 的中性和微酸微碱土壤中长势最好。

二、光照

软籽石榴是喜光树种，在生长发育过程中，特别是石榴果实生长中后期，果实着色，光照极为重要。光照充足，正常花芽分化率高，果实颜色好，籽粒品质好，反之则容易出现徒长，且花芽分化不良，枝条郁闭，生长结果能力差，正常花比率减少，果实着色差，风味变劣等情况。目前，我国南、北方栽培区的光照条件都可基本满足软籽石榴的生长发育需要，但作为经济栽培的软籽石榴，除了要选择适宜的栽培地区外，还要在树体的整形修剪、栽植密度、行向等方面为改善树体的光照提供条件。

光照是软籽石榴树进行光合作用，制造养分的主要途径。软籽石榴树光合作用的场所主要是石榴叶片，其次是枝、茎、裸露的根、花果等绿色部分，因此在生产上保持石榴树固定叶面积极为重要。光照条件的好坏，决定光合产物的多少，直接影响软籽石榴树各器官的营养供应和产量的高低。光照条件受地域、海拔、坡向等影响，还与石榴树的树体结构和栽植距离等有关。一般光照量在我国由南向北随纬度的增加递减，因此在山地，从山下到山上，随海拔的增加，光照加强，紫外线强度增加，石榴更易着色；从坡向看，阳坡比阴坡光照好；石榴树枝条太密、叶幕层太厚、栽植过密等因素导致光照条件差，但栽植过稀疏又使光照利用率降低，适宜的株行距才有利于阳光和土地的利用。

软籽石榴成熟期，果实着色除与品种特性相关，还与光照条件有很大关系，阳坡石榴树果实着色优于阴坡，树冠南面向阳面及树冠外围果着色好。栽培过程中，要尽量满足石榴对光照的要求，选择适宜的栽植地区是基本条件，应做到合理密植、适当整形修剪、防治病虫害，培养健壮树体。

三、温度

软籽石榴原产于亚热带及温带地区，具有喜暖畏寒的习性。石榴从现蕾到果实成熟需≥ 10℃ 的有效积温在 2000℃ 以上；年生长期内，要求≥ 10℃ 以上活动积温在 3000℃ 以上。在冬季的休眠期能耐低温，但气温过低，枝梢会受冻害。因此，在建立软籽石榴园时，选择冬季极端低温在 -17℃ 以上地区较为安全。如果温度过低，应设法防寒。在地势选择上，最好避开集聚冷空气的地方，否则会出现冻害。

影响石榴树生长发育的温度，主要表现在空气温度和土壤温度两方面，温度直接影响石榴树的水平和垂直分布。软籽石榴树喜温畏寒，在旬气温 10℃ 左右时树液流动，11℃ 时萌芽、抽枝、展叶，日气温 24 ～ 26℃ 授粉受精良好，气温 18 ～ 26℃ 适合果实生长和种子发育；日气温 18 ～ 21℃，日昼夜温差大时，有助于石榴籽粒糖分积累。当旬平均气温 11℃ 时落叶，地上部分进入休眠期。

四、水分

水分是植物体的重要组成部分。软籽石榴树根、茎、叶、花、果的发育均离不开水。水直接参与石榴树体内各种物质的合成和转化，也是维持细胞膨压、溶解土壤矿质营养、平衡树体温度不可替代的重要因子。软籽石榴树较耐干旱，但在生长季要有充足的水分才能保证良好的生长结果。软籽石榴分布在年降水量为 55 ～ 1600 mm 的地区，年降水 500 mm 以上的温带地区，如果保墒措施得力，均能正常结果。

水分不足或过多都会对石榴树生长产生不良影响。水分不足，大气湿度小，空气干燥，会降低植株光合作用能力，叶片因细胞失水而凋谢。据测定，当土壤含水量为 12% ～ 20% 时，有利于花芽形成、开花、坐果及控制幼树秋季旺盛生长促进枝条成熟；当土壤含水率为 20.9% ～ 28.0% 时，有利于营养生长；当土壤含水率为 23% ～ 28% 时，有利于石榴树安全越冬。干旱是制约软籽石榴优质丰产的主要因子之一，初花期过分干旱，会加重落花；盛花期遇阴雨天气，不仅影响授粉受精，而且导致访花昆虫活动受阻、花粉被雨水淋湿、风力无法传播等，对坐果产生明显影响，并易引起枝叶徒长，也会加重落花。据测定，当 30 cm 土壤含水量为 5% 时，石榴幼树出现暂时萎蔫，含水量降至 3% 以下时，则出现永久萎蔫。在果实生长后期遇阴雨天气时，由于光合产物积累少，果实膨大受阻，并影响着色。但当后期天气晴好、光照充足，土壤含水量相对较低时，突然降水或灌水又极易造成裂果。因此，只有适宜的水分才能保证软籽石榴正常的生长和开花结果，达到优质高产的目的。

软籽石榴不仅不耐干旱而且对水涝反应也比较敏感，果园积水时间较长或土壤长期处于水饱和状态，会对石榴树正常生长造成严重影响。生长期连续积水 4 天，叶片发黄脱落；连续积水超过 8 天，会导致植株死亡。石榴树在受水涝之后，由于土壤氧气含量减少，根系的呼吸作用受到抑制，会导致叶片变色枯萎、根系腐烂、树枝干枯、树皮变黑，严重时全树干枯死亡。

五、风

风可以促进空气中二氧化碳和氧气的流动，保持软籽石榴园内二氧化碳和氧气的正常浓度，有利于光合作用、呼吸作用的进行。一般的微风、小风可以改变林间湿度、温度，调节小气候，提高光合作用和蒸腾效率，解除辐射、霜冻的威胁，有利于生长、开花、授粉和果实发育。

六、海拔、坡度和坡向

石榴树种植地区海拔范围广，从平原到山地均有种植。在四川攀枝花、会理、云南蒙自、丽江市等多地都有种植，软籽石榴也间种在柑橘、梨、苹果等落叶果树之间，四川会理、云南会泽在海拔 1800 ～ 2000 m 地带都有分布；在云南丽江软籽石榴最佳栽植区在海拔 1450 ～ 1700 m 范围内；云南蒙自海拔 1300 ～ 1400 m 范围内栽培面积较广；重庆市巫山和奉节地区石榴分布在海拔 600 ～ 1000 m 处；陕西临潼石榴分布在海拔 150 ～ 800 m 范围；安徽怀远石榴则生长在海拔 50 ～ 150 m 处；河南开封的石榴产地海拔仅有 70 m。根据各地气候、环境等各类因素的不同，高海拔和低海拔地区都有石榴分布。海拔、坡度和坡向的变化常引起生态环境的变化，从而影响软籽石榴的生长，在同一地区，高海拔地区石榴果实着色、籽粒品质明显优于低海拔地区。

坡度的大小，对石榴的生长也有一定的影响。随着坡度的增大，土壤的含水量减少，冲刷程度严重，土壤肥力低、干旱，易形成“小老树”，产量、品质都不佳。坡向对坡地的土壤温度、土壤水分有很大的影响，在相同的地理条件下，南坡日照充足，所获得的散射和辐射也比水平面多，气温较高，物候期开始较早，土壤增温也快，石榴果实品质也好，而北坡则相反。但南坡因温度较高，融雪和解冻都较早，蒸发量大，易干旱。同一品种在南坡种植比北坡种植的生长早、休眠晚。生长在南坡的树势强健，果实成熟早、含糖量高、着色好，但对玉石籽等不耐高光强的品种而言，果实的日灼较严重。

第三章　主栽品种

第一节　品种概述

石榴属中有2个种。我国目前有石榴品种类型238个，其中食用品种约占90%，新选育成的品种约50个，从国外引进品种有4个。石榴种子硬度是衡量其鲜食品质的重要指标之一，而石榴中的软籽品种，其种子退化、变软，与硬籽石榴比较，食之无渣、适口性强、容易吞咽，可食率高，亦适宜加工，是石榴中的珍品，生产与消费市场潜力巨大。软籽石榴抗旱性较强，在干旱和半干旱气候地区也能很好生长。但其抗寒性、抗病性等较弱，栽培区域不够广泛，种质资源也比较稀缺。目前，以色列、土库曼斯坦、美国、土耳其、突尼斯、意大利、伊朗、印度、西班牙、墨西哥、中国等国家，均有为数不多的软籽石榴种质资源保存和利用。

国内外石榴栽培技术发展迅速，品种的更新换代比较快。近年来，在软籽石榴科研选育种方面，一些国家与地区已经选育出一些性状优良的软籽石榴品种。我国传统石榴籽粒较硬，可食性差，软籽石榴的引进改变了这一缺点。1986年前中国软籽石榴种质资源少，1986年后通过国际友人赠送、引种驯化、自主培育等，现有突尼斯软籽石榴、红如意、红双喜、红玉软籽、紫美、中农红软籽等多个软籽石榴品种。2013年3月，河南省洛阳市农林科学院从以色列引进以色列1、2、3号，以及以色列M、Y号5个软籽石榴品种。最近几年，从以色列、土耳其、美国等国家引进若干软籽石榴品种，极大地丰富了我国软籽石榴种质资源。最近10年，有极少数实生软籽石榴苗木进入生产领域，必将有个别具有特异性状的实生软籽石榴树被保存下来，也将丰富中国的软籽石榴种质资源。国内地区之间的引种颇多，优良软籽石榴品种的引种成功，既丰富了果品树种，又为当地居民带来了巨大的经济效益。在丽江范围内，突尼斯软籽石榴被广泛栽培，截至 2021 年，突尼斯软籽石榴种植面积达 11 万亩。

众多软籽石榴品种中，突尼斯软籽石榴被广泛栽培，引种地区较广，栽培表现良好。突尼斯软籽石榴引种到我国以后，首先种植于河南省河阴石榴基地，表现出优良的品种特性。随后河南、江苏、湖南、安徽、浙江、四川、陕西、云南等省均有引进种植，经过多年引种观察和研究，形成了一系列丰产、稳产栽培技术。软籽石榴优良的品种性状深受人们喜爱，在我国发展潜力巨大，市场前景广阔。

目前，国内各软籽石榴产区为适应市场需求，均根据当地的气候特点，引进和培育了一批优良品种，使软籽石榴种植业的经济效益和社会效益得到进一步的提高。如淮北以软籽 1 号、软籽 2 号、软籽 3 号等为主，河南以突尼斯、豫石榴 1、2、3 号、泰山红、酸石榴等为主，攀西、会理以突尼斯、会理青皮软籽石榴等为主。云南丽江金沙江干热河谷区种植的软籽石榴品种以突尼斯软籽石榴为主，零星栽植中农红、红如意等品种。云南的其他石榴产区则以甜绿籽、甜光颜、厚皮甜沙籽等为主。从我国各软籽石榴产区的主栽软籽石榴育种、引种方面的工作情况看来，外引品种多，引种栽培无疑是进行地方品种更新、提高软籽石榴品质、增加果农经济收入的一条捷径。

亚洲以及中东等国家消费者比较喜欢甜型、酸甜型软籽石榴品种；欧洲以及以色列等国家消费者比较喜欢酸甜型软籽石榴品种；而美国、澳大利亚等国家消费者则比较喜好酸型品种。因此，在种植软籽石榴时，应根据产品市场定位，谨慎选择主栽品种。

第二节　丽江干热河谷地区主栽品种

软籽石榴品种的重要性越来越受到社会各界人士关注。软籽石榴品种经过人们的长期栽培和选育，迄今在世界上超过 100 个。品种来源主要是从自然杂交种、人工杂交、芽变、人工诱变等途径而来的，在生产上广泛种植的品种有 50 ～ 60 个。永胜县在软籽石榴产业的发展过程要避免走品种选择不当的弯路，根据产量、果实外

观、品质等相关性状，果实贮运情况、销售市场情况、货架期长短等试验的综合指标分析，介绍以下为主栽品种：

一、突尼斯

突尼斯软籽石榴（*Punica granatum*‘Tunisian’）为落叶灌木或小乔木，原产于伊朗、阿富汗和高加索等西亚地区，由林业部于1986年从突尼斯引进。

树势中庸，枝干的木质较疏松，直立性弱，干性差，但萌芽力、成枝力较强。4年生树的树冠和冠高分别为2 m与2.5 m。幼嫩枝红色、有四棱，老枝褐色，侧枝多数卷曲。刺枝少。幼叶紫红色，叶狭长、椭圆形，深绿色。花红色，花瓣5～7片，总花量较大，完全花率约34%，该品种8月上旬至9月上旬成熟。果实圆形，平均果重406 g，最大果重1100 g。果皮光滑而薄。籽粒紫红色，籽软，百粒重56.2 g。出籽率为61.9%，肉汁率为91.4%。可溶性固形物含量15.05%，含酸0.29%，风味甘甜。成熟期早。8月上旬开始成熟，9月上中旬完全成熟，比一般石榴早熟15天以上。

适应性强。抗旱、抗病、耐瘠薄，对土壤要求不严，无论平原、丘陵、浅山坡地，均可种植。坐果率达70%以上。早果丰产性好。栽植后第2年可挂果，第3年每亩产量可达1500 kg，第5年进入丰产期。品质优、果个大而整齐，籽大汁多、味美，籽仁特软。由于树体郁闭速度快，迎风面增加，以致对劲风的抵抗力弱，抗寒性较差，冬季易受冻害。原产区因抗寒性较差，发展区域受限制。

二、红如意

该品种9月上旬成熟。树势强健，树冠半开张，枝条多，成枝力强。

平均单果重474.9 g，最大单果重1249.9 g。果皮薄而光亮，果面红色。籽粒大而鲜红，百粒重56.1 g，出籽率63.9%，可溶性固形物含量15.00%。风味甘甜。栽植第1年部分可开花结果，第3年结果正常，第4年进入丰产期，每亩产量2000 kg。早期丰产性强。抗病性好，抗寒性强，适应范围广，择土不严。

三、中农红

中农红软籽石榴为早熟软籽石榴品种，该品种9月上旬成熟。1 年生枝条绿色，平均长度 10.33 cm，粗 0.20 cm，节间长度 1.8 cm，叶片深绿色，大而肥厚；4 年生树平均树高 2.5 m、冠幅 2.0 m，成枝力较强；长、中、短果枝均可结果，花量大，完全花率约 35%，自然坐果率在 70% 以上；平均单果重 475 g，最大单果重 1250 g，百粒重 66.4 g；果实圆球形，果粒大，果皮薄亮光洁，阳面深红色，裂果不明显；籽粒紫红色，汁多，出汁率 87.8%，核仁特软可食；可溶性固形物含量在 15.0% 以上，风味可口，鲜食品质极佳。进入盛果期后，一般每亩产量达 1500 ～ 2000 kg。本品种果实生育期约 105 天，9 月上旬果实成熟，11 月中下旬落叶，全年生育期约 165 天；树势强健，幼树干性不强，萌芽力较强，成枝力低，幼树以中、长果枝结果为主，成龄树长、中、短果枝均可结果。抗逆性强，耐旱，抗病性较好，择土不严，适应范围广，抗寒性稍差。

配植中农红黑籽甜石榴或豫大籽作为授粉树，坐果率更高，一般配植比例为（4 ～ 8）：1。中农红软籽石榴的栽植密度以每亩 111 株为宜，株行距一般为 2 m×3 m。中农红软籽石榴抗逆性强，耐干旱，对桃蛀螟和干腐病均有较好的抗性，对土壤要求不严，在黏壤土、壤土、砂壤土上均可栽培，且表现良好，在丘陵、山地或河滩、平原均能正常生长。中农红软籽石榴是突尼斯软籽石榴的变异，抗寒性稍差，当温度低于 -11℃ 时，花芽受冻，产量降低；温度低于 -15℃ 时，树干易受冻害。因此，该品种适宜在黄河以南地区种植。

第四章　种苗繁育

第一节　扦插育苗

一、育苗地的立地条件

培育优质软籽石榴的育苗地最好选择地势平坦、通风透气、背风向阳的地块，同时应考虑排灌条件，最好配备有水肥药一体化设施。土壤要求土层深厚肥沃、无病虫害的壤土或沙壤土，方便后续园地管理。育苗前，对土地进行深翻整地，深度50 cm左右，清除石头、枝条、残留薄膜等杂物。每亩施腐熟的有机肥4000 ～ 5000 kg，并灌水。

在覆膜前可采用50%多菌灵或80%代森锰锌配制成500 ～ 800倍液，泼施在厢面上对苗床进行消毒。根据苗床厢宽铺上防草地膜，薄膜紧贴地面，拉紧并用土压实，覆膜后能有效保持土壤温度、湿度，促进插穗生根发芽，出苗齐，提高出苗率。

二、插条的选择及采集处理

穗条选择及扦插后管理对于扦插的成活率及苗木质量至关重要，其中软籽石榴的枝条粗度、成熟度及芽饱满程度是影响扦插成活率的关键。软籽石榴树势中庸，枝条繁密，穗条采集以夏梢、秋梢徒长枝为主，插条的采集可选择与冬季修剪配合进行，一般在果树落叶后12月到翌年1月。一般不选择春季生长的枝条作插条，因为春梢多为短果枝，繁育出的苗木长势缓慢且长势差，不适合进行扦插育苗。

最好选择根系发达、生长健壮、无病虫害、不脱皮、无冻害发生的软籽石榴树作为母树。剪取1 ～ 2年生枝条或萌蘖条，剪除小分枝、针刺、顶端细软枝条及下端芽瘦瘪的部分，截取枝条中下部粗 0.7 ～ 1 cm，长 15 ～ 20 cm 成熟度和芽的饱满程度较高的枝段，这样的枝条生根力强、成活率高。按照品种以及枝条的粗细程度分开标记，扎捆备用。

冬季留下的插条，处理时需在较温暖的室内进行。从母树上剪下枝条简单处理后，将其下部 7 ～ 8 cm 放在清水中浸泡 24 h，清水温度不宜过低。浸泡完成后最好采取沙藏或冷库贮藏，以备春季繁育扦插苗。

（一）沙藏

沙藏成本低，操作便捷。采穗浸泡后，将无杂物、干净的细沙在阴凉、通风透气、排水好的地方做成平整的沙床，面积约 2 m×3 m，边缘位置可使用砖块围挡整形。床底铺厚度 10 ～ 20 cm 的细沙，将扎捆的枝条平放在沙床上，间隔处用细沙填充，枝条上覆盖 20 ～ 30 cm 厚的细沙，注意不要伤到芽。用水浇湿后盖上遮光网进行避光保存，沙床的温度及湿度对于妥善保存插条至关重要，温度一般要控制在 10℃以下，触手冰凉的程度，可选择遮阴方式进行低温自然贮藏，延长保存的时间；细沙含水量控制在手捏成团，放地可散开的程度即可，隔 10 天左右检查一次。

还可通过挖沙藏沟的方式贮藏。开宽 1 m，深 0.7 m 的沟壕，长度根据插穗的数量来决定，将扎捆的插穗散放在沟中，用细沙填充缝隙，每隔 1 m 放一束茅草，方便通风透气。最后沟壕上填土，高出周围地块 30 cm 左右。沟壕的外侧要开排水沟，防止雨水渗入造成霉烂。

（二）冷库贮藏

有条件的还可选择冷库贮藏。将扎捆的插条分装在编织袋中或竖立摆放在柔软湿润的泡沫或麻布袋上，盖上湿润的麻袋或棉布。冷库温度保持在 5℃左右，定期检查湿度，不要让插条失水。

无论采取哪种贮藏手段，都应当小心操作，避免插条受到外力机械损伤而影响其正常生长发育。

三、扦插与管理

（一）扦插时期

软籽石榴的扦插苗成活率较高，春、夏、秋季都可进行。最好选择在 2 ～ 3 月初春，枝条萌动前开始扦插，此时枝条、芽达到自然萌动的条件，繁育出的苗木易成活，而已萌动的枝条成活率低，要剔除。夏季插条来源充足，但是由于金沙江干热河谷地区夏季气温高，遇到连续长时间降水或干旱等特殊年份，易受影响，需要人为进行遮阴、喷水等管理，田间管理难度大，劳动力成本大，苗木质量不高。秋季扦插育苗虽然可以在农忙之后进行，但是需要冬灌，容易抽条，且插条不易生根。

因此在金沙江干热河谷地区，软籽石榴的扦插繁育最好选择在春季春分至清明进行。但是若要加快繁殖，可于夏季的 6 月下旬至 7 月上旬采用嫩枝扦插。

（二）扦插

1. 贮藏枝条处理

将贮藏的枝条取出后，用清水洗干净备用，剪取插条之前最好对枝剪进行消毒处理，防止工具带菌感染枝条，可使用高锰酸钾、酒精或高温消毒。先剪去两端失水干缩的部分，再将枝条剪成 15 ～ 20 cm 的小段插条，每个插条保留 2 ～ 4 个芽眼即可。每个插条要有 3 ～ 4 个对节，上端剪口要平，减少创口面积，距芽眼 0.5 ～ 1 cm，下端在近节的位置剪成 45° 平整马蹄形。

修剪完的插条下部 2 ～ 3 cm 置于 50% 多菌灵可湿性粉剂配置的 300 ～ 500 倍液中浸泡 30 min。晾干水分后可将插条在生根粉水溶液（50 ～ 100 mg/L）中浸泡 12 h，生根剂主要有如 ABT、吲哚丁酸（IBA）、2-萘乙酸等生根药剂，或在清水中浸泡 2 ～ 3 天，每天换水一次即可，可促进软籽石榴插条生根及提高生根率。

2. 扦插栽植

（1）苗床栽植。苗床疏除杂物及平整后，每亩施腐熟的有机肥 4000 ～ 5000 kg，并灌水。待表层土稍干，土壤还较易翻动时，及时作畦，根据种植地情况因地制宜规划苗床，做好小区规划，厢宽一般留 30 cm 作为人工走道，平整厢面成畦，畦埂底宽一般 0.2 ～

0.3 m，高 0.15 ～ 0.2 m，踏实并耙平洼地。浅施肥以及浅耕有利于插条充分吸收土壤中的营养，促进根系生长。

在覆膜前可采用 50% 多菌灵或 80% 代森锰锌配制成 500 ～ 800 倍液，泼施在厢面上对苗床进行消毒。根据苗床厢宽铺上防草地膜，薄膜紧贴地面，拉紧并用土压实，覆膜后能有效保持土壤温度、湿度，促进插穗生根发芽，出苗齐，提高出苗率。

对于覆膜的地块，为保证扦插苗的生长，按照株距 15 ～ 20 cm，行距 20 ～ 50 cm 进行栽植，扦插前可先使用工具打好孔，确保插条下部斜口朝下，采用斜插的方式插入苗床土中，上端的芽眼露出地表 1 ～ 2 cm 即可，用细土将插穗孔盖严实，再用手挤压使土壤与插穗紧密接触，或用板锄在苗床厢面上理 45° 斜面，扦插好后一行后再理第二行的土进行覆盖。已长出根的插穗，要加大扦插孔，不要损伤幼嫩的根。每畦可扦插 3 ～ 4 行，每亩 1.5 万～ 1.7 万株，扦插密度不宜过高，插完后浇透水，或用松针、稻草等进行覆盖，以提高成活率。

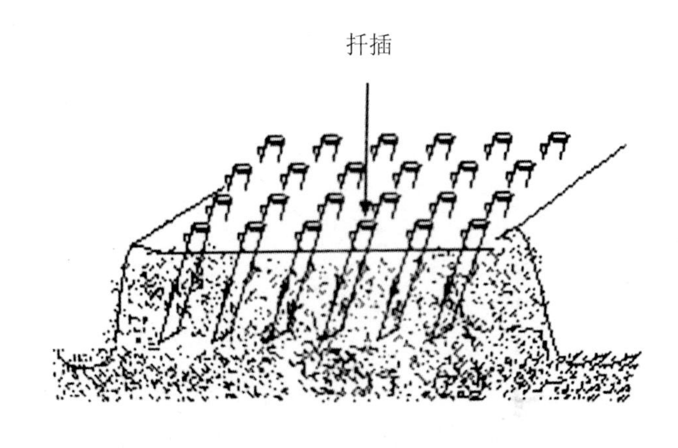

图 4-1　扦插育苗示意

（2）袋苗栽植。在摆放种植袋前，设计便于管理的路网、排灌沟，规划苗床并做好小区规划。选择合适大小的无纺布袋作为育苗容器，可选择长 15 ～ 20 cm、高 22 ～ 25 cm 的规格。基质可选择田园土、河沙、椰糠、食用菌下脚料、有机肥混合拌匀，装袋至9分满，整齐摆放于苗床上。

扦插的方式与苗床扦插方式相同，在插条下部斜口朝下，采用斜插的方式插入土中，上端的芽眼露出地表1～2 cm，用细土将插穗孔盖严实，扦插完后略抖动育苗袋使基质与插穗紧密接触。扦插完毕后，整理摆放插好的育苗袋，及时淋透水。

（三）扦插后管理

1. 搭棚

户外露地育苗的，在苗床的畦上搭上小拱棚，拱棚高 1～1.2 m。拱棚上搭盖遮阴网，气温低于20℃时盖遮阳网，气温高于35℃时揭膜降温。在大棚内育苗的，要注意光照及温、湿度等的管理。

2. 排灌

扦插的石榴苗年生育期可分为自养期、生长初期、速生长期、生长后期等。扦插初期为自养期，石榴苗萌芽前，插穗未生根时，管理以保持土壤湿润为主，金沙江干热河谷地区2～3月份没有自然降水且光照强烈，容易导致插条失水，因此发现土壤干燥要及时浇水，但不宜过多过勤，否则会导致地温降低以及土壤透气性下降，影响生根萌芽。有条件的可以进行遮阴处理，覆草或搭建遮阳拱棚保护扦插苗。

3. 除草及病虫害

生长初期的管理以松土除草为主，但注意不要动摇到插条，土壤仍要注意保湿保温，此外还要注意防治地下害虫，主要防治地老虎、蛴螬、蝼蛄等。

4. 水肥管理

6～8月进入苗木速生期，苗木抗性提高，可撤去遮阳网。此时金沙江干热河谷地区进入雨季，气温高且湿度大，是苗木生长最旺盛的时期，要加强水肥管理。此时可视天气情况适当减少灌水量，如遇金沙江干热河谷地区连续高温干旱，要及时浇水，土壤不能过干。当新梢长到15 cm左右，可追施速效氮肥，隔30～45天，再追施一次氮肥，为防止苗木徒长，适当施磷钾肥，如在叶面喷洒0.2%磷酸二氢钾1～2次补充营养。有水肥一体化喷灌系统的可选择水溶性肥料，省时省工，施肥时期可适当减少浇水的次数，有利于枝条充分木质化。此时还应注意防治食叶害虫。

9月逐步进入生长后期，要及时除草并断肥，促进枝条木质化。石榴树根基部不定芽易萌发丛生根蘖，当年一般不做任何处理，任其生长。起苗栽植后可保留1根生长旺盛、健壮的枝条留作主干，其余的可全部剪除。

5. 炼苗

对于大棚繁育的种苗，扦插4～6个月后可搬出露地摆放，每天10:00～16:00张网遮阴，其他时间揭网，2周后全揭网进行炼苗。

（四）苗木出圃

苗木落叶后，即可出圃。出圃前要对苗木的数量进行统计，确定后续的销售以及建设果园的计划。

1. 出圃时间

出圃的时间与建园的季节要一致。等到可出圃的苗木冬季落叶后（11月上旬至12月）至春季树枝芽萌动前，采取裸根移栽的方式。

2. 掘苗方法

起苗前3天要浇透水，根据苗木根系生长的水平和垂直方向（即苗木根系生长宽度和深度），确定掘苗沟的宽度和深度，保存完整的根系。挖苗时顺苗木生长方向的一侧倾斜45°向下铲20～30 cm深切断苗根。然后用铁锹在另一侧（距苗木主干约25 cm的位置）垂直下切，将苗掘出。在掘苗的过程中，应当注意尽量不要伤到侧根和苗干，多带根系，避免机械损伤。每株苗留下健壮的枝干1～3个，将细弱、有病虫害的枝条剪除。由于须根很容易失去活力干枯死亡，因此苗木掘苗后要及时移栽或在包装前蘸泥浆后用草帘或塑料膜包裹。

3. 苗木分级

出圃后，根据《石榴苗木培育技术规程》（LY/T1893—2010）按照苗的高度、苗龄、地径、根系生长的状况进行分级。外调的苗木还需要根据要求办理植物检疫手续。

4. 建园移栽

确定生产园位置后，苗木移栽前要确定栽植密度，平地株行距

3 m×4 m，坡地 2.5 m×3 m 或 3 m×3 m。然后开挖种植穴（沟），规格一般长、宽、深为 80 ～ 100 cm，将腐熟的基肥先与表土拌匀后回填，回填土 1 ～ 2 层后，再栽植苗木。

5. 苗木假植。

苗木经过修剪、分级后，不能及时下地栽培的，要根据品种分级假植，假植地块要选择在地势平坦、排水良好、背风阴凉处。根据苗木的数量确定假植沟的长度，根据根系的长度、条数以及地径分级确定宽度，一般为 40 cm，挖出的土置于南侧垒高，苗木的放置方式为根北梢南倾斜排放在沟内，覆土厚度 8 ～10 cm，假植完后要浇水一次，这样的假植方式在冬季能避免苗木受风害及冻害。为避免损失，要定期检查苗木是否失水、受冻和腐烂，发现不良状况时要及时采取补救措施。

第二节　嫁接育苗

果树栽培中常通过嫁接的方式提高繁殖效率，可以有效地保存优良品种后代的优良特性。嫁接苗由砧木和接穗组成，借助砧木适应性强、生长旺盛的优势促进具有稳定优良性状的接穗品种提早结果，并获得丰产、保障品质。采用本地石榴品种作为砧木，嫁接性状优良的新品种。生产中通过推广嫁接苗木，淘汰树势早衰、品种退化、品质差、低产的果树品种，能有效缩短建园年限。软籽石榴因为组织疏松而容易感染土传病害石榴枯萎病，因此选择抗病砧木进行嫁接繁殖显得尤为重要。

一、影响嫁接成活的因素

（一）砧木和接穗的亲和力

砧木和接穗的亲和力是嫁接成活的主要因素，亲和力越强，嫁接的成活率越高。苗木繁育生产中，可以向当地种植大户询问砧木和接穗的品种搭配选择，有条件的，可以多选用几个品种进行组合搭配试验，筛选适合当地气候条件的砧木接穗搭配。

（二）砧木和接穗的质量

接穗和砧木质量较好，枝条养分高的，成活率就高。一般情况下，砧木和接穗的木质化程度越高，在一定的温度和湿度条件下越容易成活。所以在选择砧木时要选择树体长势旺盛无病虫害的，而接穗要选择生长充实的枝条，这样的砧穗组合萌芽快且成活率高，后期形成的新芽也饱满粗壮。来自伊朗瓦利阿斯尔大学的 H.R. Karimi 等人研究了砧木和接穗对石榴嫁接成功率和营养生长的影响，证明接穗可溶性糖含量与嫁接成活率呈正相关，而砧木酚类物质含量与死亡率呈负相关。

（三）嫁接时期

嫁接成活率与气温、土温、砧木及接穗的活性密切相关，嫁接以春季砧木开始萌芽嫁接为主。

（四）嫁接技术

嫁接技术的好坏直接影响接口的平滑程度和嫁接的速度，嫁接工具越锋利，技术越熟练，削面的平滑度就越高，熟练的嫁接技术可以有效缩短接穗削面氧化时间，保持细胞活性。所以嫁接前要充分磨利嫁接刀具。砧木和接穗对接完成后，嫁接膜的绑扎要紧，整个嫁接过程要做到“快、准、稳”。

二、嫁接繁殖的方法

（一）嫁接工具的选择

石榴树干比较坚硬，所以准备一套较好的嫁接工具，包括细齿手锯、劈刀、木制榔头、枝剪、嫁接刀、嫁接微膜、捆扎带和磨刀石等。劈刀的刀口应选择略厚、锋利、耐敲击；嫁接刀选择较坚硬的高碳钢较好；嫁接微膜一般选择 0.004 mm 的农用塑料薄膜，预先切成 2 cm 宽的卷筒，方便使用，或在市场选用其他专用嫁接膜。

（二）嫁接的时期

初春（2 月下旬至 4 月）是金沙江干热河谷地区的最佳嫁接时期，此时温度适宜，但为防止倒春寒影响嫁接苗成活率，嫁接的时间不宜过早，一般在穗条萌芽之前进行。嫁接时，砧木发芽了也没关系，但是接穗要妥善保存不能让其发芽。

（三）嫁接的方法

1. 穗条的采集和保存

选择品种纯正、生长健壮、无病虫害、经济性状好的软籽石榴树作为母树，结合冬剪将树冠外围芽眼饱满、发育充实、生长健壮、木质化程度高的 1 ～ 2 年生枝条采集下来作为穗条，按一定数量进行打捆，标明品种、采集信息，埋入经过消毒处理的细沙中保存，保存的过程要注意保持细沙的湿润及透气性，有条件的可以在冷库中进行保存。还可在初春萌动前采集接穗，由于金沙江干热河谷地区春季回温快，为延长保存期可将采集下来的接穗条按品种打捆后用保鲜膜包裹后，直接放入 2 ～ 4℃的冰箱或冷库中进行保存，可保存 1 个月左右。穗条最好随采随接，同时可预留一些接穗，出现嫁接未成活时，供及时进行补接使用。

2. 截、削接穗

初春将沙藏或冷藏的穗条取出，用清水冲洗干净，剔除在储藏期间有损伤或失去活性的枝条，削切穗前要再次进行筛选。接穗的截、削方式如下：在嫁接前要先将穗条上的茎刺以及两端失水干瘪的部分剪去，用锋利的嫁接刀从穗条的下端依次向上截取接穗，每根接穗保留 1 ～ 2 个芽眼，长 3 ～ 4 cm，上端接穗距芽 0.5 ～ 1 cm，下端削成长 2 ～ 3 cm 的楔形，削取接穗时削成一边稍厚、另一边稍薄的楔形，削口要平整光滑，随削随接。削好的接穗也可先进行消毒浸泡处理，等水分稍干，可在 0.3% 的蔗糖水溶液中或萘乙酸中浸泡 8 ～ 12 h，顶端采用石蜡封闭，上部涂由凡士林和吲哚丁酸配制成的软膏。根据砧木的粗细选择适宜粗度的接穗。

3. 砧木的选择与截干处理

选择生长健壮、无病虫害的，根系发达旺盛的一年生的品种，在金沙江干热河谷地区一般选择以下几个品种：黑籽石榴（花石榴），因为其皮质较光滑，枯萎病菌侵染少；建水酸石榴，抗逆性好；老品种会理石榴；本地品种永胜红籽石榴或酸石榴。软籽石榴一般不用作砧木，因为其枝干质地疏松，易感染病菌。嫁接前 3 天要给砧木浇透水。

4. 嫁接方法

在石榴中常见的方法有劈接、切接和切腹接三种。

（1）劈接。

①劈切劈口。每棵石榴选择 1 ～ 3 个主干枝进行嫁接换种，多余的主干枝从基部开始全部清除。经试验证明，接穗部位在距地面 20 cm 处，砧桩的萌芽量较小，距地面越远，萌芽越多，会增加后期管理的工作量，所以一般用手锯在距地面 20 cm 左右的位置进行截干，截面要保持光滑平整，然后使用劈接刀在砧木横断面的 1/3 处，垂直劈切 2 ～ 3 cm 的劈口，留一个劈口即可。

②砧穗对接。将削好的接穗插入砧木的劈口处，接穗切面稍厚的位置要与砧木一边的切口的形成层对齐并插紧，接穗的上部可外露 2 mm 左右。

③绑缚砧穗。用嫁接膜将砧木切口以下的部分尽可能缠紧，然后再用薄膜全封闭扎紧：从接穗的上部开始将接穗至砧木对接的位置缠紧，绑紧打结，在接口处可多缠绕 2 ～ 3 圈，接穗部分和砧木部分缠绕一圈即可。嫁接完成一个小区之后要及时浇水，注意不能将水溅到接穗和砧木的接口及以上的位置。

劈接法虽然嫁接速度慢，但接活后抽梢旺壮、容易形成树形，愈合牢固，抗风折能力强。

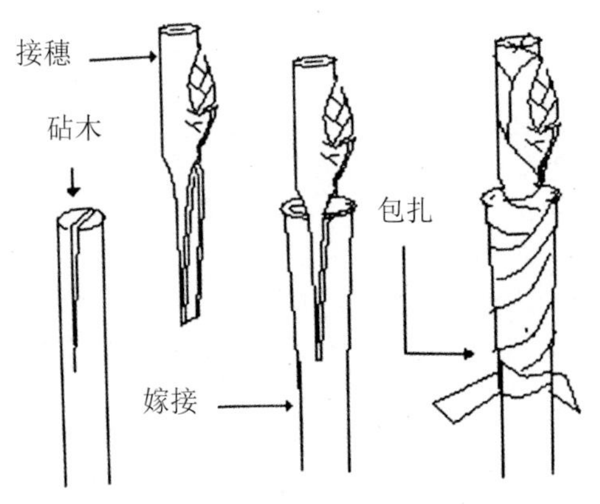

图 4-2　石榴劈接示意

（2）切接。春季嫁接常用此法，适于砧木不离皮时和粗度 1

cm 以上的砧木。切接时，将砧木距地面约 5 cm 处剪断，选光滑平整的一侧，从断面的 1/3 处，用切接刀垂直切下，长约 3 cm。将选好的接穗，正面削一长削面，其长度与砧木劈口相仿，背面再削一马耳形小削面，长 0.5 ～ 1 cm；然后，接穗留 2 ～ 3 个芽剪断，将大削面向里，贴紧砧木切口插下，使砧木与接穗形成层的一边对齐，用塑料薄膜绑紧；当接穗成活后，新梢长出 10 cm 左右时，要及时解膜，以免接口出现绞缢，影响苗木生长。

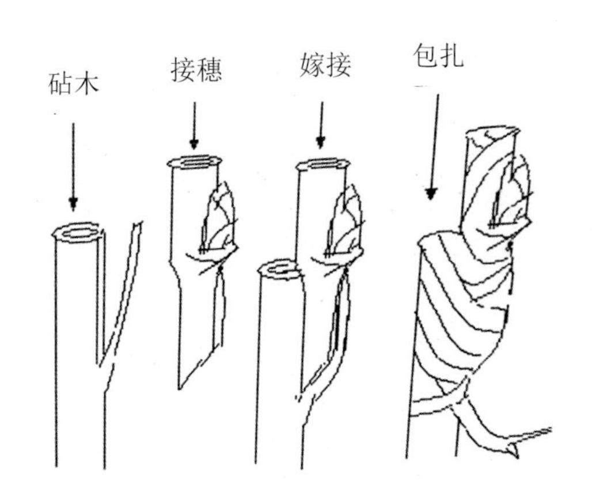

图 4-3　石榴切接示意

（3）切腹接。该法适用于春季嫁接或室内嫁接。与一般腹接不同的是接穗由多芽改为单芽。削接穗时，为方便操作，先不要将接穗剪成小段，削时，可从芽的侧面平削一刀，长 2 ～ 3 cm，以露出木质部为度。在其反面削一小削面，这样，将接穗削成楔形；在砧木的嫁接部位，用快刀或剪刀剪削一斜切口，深达木质部的 1/3；然后，将接穗大削面朝里小削面靠外。插入砧木切口。插入接穗时注意一边要对准形成层。然后，将接穗留 1 cm 长剪断，随之剪断砧木，其剪口要略高或与接口平前。嫁接后，用塑料薄膜绑紧，稍露芽眼。待发芽后，在芽上方将薄膜割一小口，以利接芽萌动生长。由于该法切口接触面大而嫁接口把接穗夹得紧，容易愈合。因此，嫁接成活率高，发芽早、接合牢固。

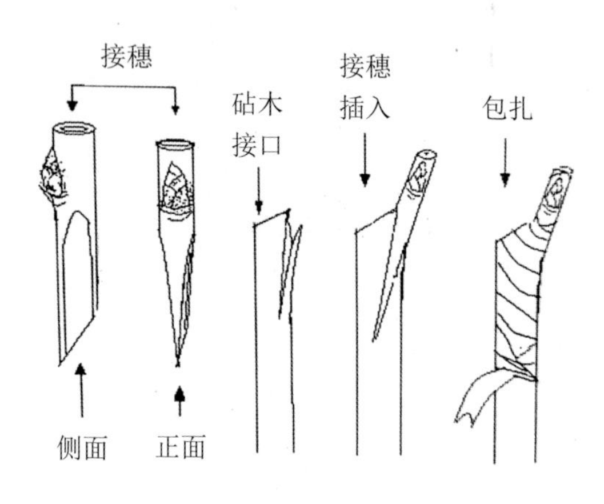

图 4-4　石榴切腹接示意

5. 嫁接后的管理

（1）及时除萌。由于软籽石榴萌蘖力强，砧桩若留过多的枝条会消耗大量的养分，会与接穗的芽争夺养分以及阻碍树体的恢复，所以嫁接后要及时抹去砧桩新萌发的枝条，以保证接口愈合及接穗的营养供给。要经常巡视嫁接好的苗圃，每周都要进行除萌处理，直到砧桩不再萌发新枝。

（2）及时补接。嫁接完后，一般 4 周左右即可确认接穗是否成活，当接口处的接穗呈现皱皮、发黑、干缩时，则说明嫁接不成功，要及时补接，补接位置选在原接穗口向下 2 cm 处，剪砧补接。

（3）解除、去膜和绑护。接穗的基部出现轻微的勒痕时，要及时解绑。嫁接成活时单层膜包芽的芽会自行穿破薄膜，对于无法顶破膜的接芽，可以用针锥将薄膜挑破，帮嫩芽破膜顺利生长，当接穗萌发的枝梢充分木质化后，及时用刀顺膜直划一刀解除薄膜束缚。在风大的地方育苗，苗木新梢长到 10 ～ 15 cm，可以用薄膜将新梢与质地较硬的竹片、竹竿捆绑，防止被风吹断。

（4）水肥管理。接成功后，要及时浇水，促进接芽发梢，抽梢时，要及时补充肥水，少量多次勤肥薄施。5～7月份苗木生长的旺盛期要加强水肥的管理，初期以氮肥为主，到7月份左右控制地面追肥，每隔半个月左右喷施一次磷酸二氢钾，以促进苗木生长健壮，提高苗木的抗逆性。

（5）病虫害管理。苗木的生长期，还要注意防治病虫害，在金沙江干热河谷地区目前虫害比较严重的是蚜虫、蓟马、红蜘蛛等，在喷施药剂的时候要注意配药的浓度，且喷药时最好避开砧木和接穗的接口位置。如发现有病害特别严重的植株，要及时拔根去除，并对周围土壤进行消毒灭菌处理。

第三节　其他育苗方法

一、嫩枝繁殖

嫩枝繁殖一般采用半木质化枝条进行扦插，时间一般在6月进行，此时软籽石榴的枝条生长茂盛。嫩枝扦插采集插穗的方式与秋季采集硬枝扦插的枝条方式大致相同，但是要注意插穗上部要留1～2对叶片，其余的叶片全部摘除。插穗采集后要注意保湿，及时放入清水中或用湿布包好枝条下部，为保持其活力要尽快插入沙土苗床。此时正值金沙江干热河谷地区温度较高的季节，日照强烈，水分易蒸发，所以苗床上要架设北高南低的遮阴篷。扦插后的田间管理以保水保湿为主，早、中、晚需各浇水一次，同时要注意防治地下害虫及清除田间杂草，等到生根发芽之后，可逐渐拆除遮阳棚。

二、分株繁殖

由于软籽石榴具有根部萌蘖旺盛的生长特性，可以利用母树基部表层根系上的不定芽自然萌发的根蘖苗繁殖新植株，这种繁殖方式被称作分株繁殖，或叫分根、分蘖繁殖，一般在资源搜集和引种的时候采用。由于根系萌蘖数量有限，为提高出苗量，可采取人工干涉的方式增加萌蘖量。具体的操作办法为：选取健康、无病虫害、生长旺盛的植株作为母树，等植株落叶后，将根部的表土挖开，露出根系，选择1～3 cm粗的根系，间隔10～15 cm进行刻伤，施肥浇水后覆土促使来年产生更多根蘖苗。为了促进根部伤口愈合以及根蘖生根，第二年 7 月扒开根系土壤，将已分蘖的根系剪断脱离母树根系，然后再覆土并加强管理，等到落叶后便可起苗栽植。

三、压条繁殖

将母树上 1 ～ 2 年生的上部的枝条埋入土中，加强肥水管理，待生根后与母树分离的繁殖方式被称作压条繁殖，主要有直立压条和水平压条两种方式。

（一）直立压条

又称培土压条，在距离地表 10 cm 左右的位置对母树干基部进行刻伤，然后培土，高度在刻伤位置上部 3 ～ 4 cm，厚度为 20 cm，呈馒头状土堆，后期管理以保持土壤湿度为主。冬春建园时，扒开土堆，将已生根的枝条从根部以下剪断与母树分离，成为新的有根植株用于栽植（图 4-5）。

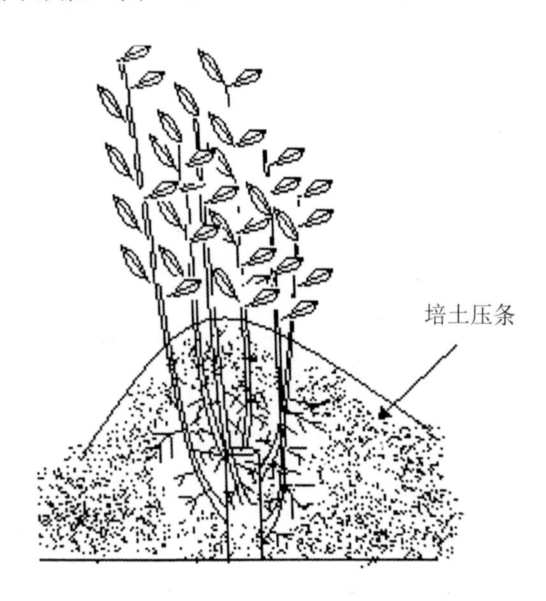

图 4-5　直立压条繁殖植株

（二）水平压条

水平压条要先在植株附近的位置处开宽约 30 cm，深 20 ～ 25 cm 的沟，沟长度根据枝条长度决定，将树干近地面的枝条侧枝剪去，然后呈弧形状压弯埋入土中，枝条的顶端要外露，然后埋土，压条可能会弹出沟外，可自制木钩卡在沟内，并踩土踏实，管理以保持土壤湿润为主。6 月中旬左右压条一般即发新根，随着根量的逐渐增加，压条基部坑外的部分逐渐萎缩，而顶端露出沟外的枝条顶端位置则会增粗并发新枝。根据压枝顶端的生长情况，旺盛的枝条在 8 月中旬左右即可从基部的位置分两次剪断与母树分离，成为新的植株。为增加出苗量，可以将长枝条整枝压土埋实，等根部长出后再分段剪断，分离成新的植株。

第五章　果园建设

第一节　园址选择

软籽石榴为落叶果树，其生长具有一定的适应范围，在建园前，要充分考虑软籽石榴的植物学特性，应选择气候、土壤、地势、水源、植被都能为软籽石榴提供适宜的生长环境的地块。果园的建设要根据园地的形状、土壤类型和面积做好主栽品种、授粉品种、栽植密度和方式的合理安排。其次应当在建造时就计划好必要的辅助设施如灌溉排水系统、配药池、生产管理用房（含农药库）、果园防护林等。

一、气候条件

金沙江干热河谷地区是我国太阳总辐射能量较强的区域之一，大部分地区能为软籽石榴的生长发育提供充足的光照。软籽石榴生长初期，2～5月金沙江干热河谷地区日照时数可达998.3 h，日均日照时数约8.3 h，日照充沛；在果实膨大期至着色阶段6～8月，受季风气候的影响，日照时数约2.5 h，且此时进入雨季，降雨集中，云量增多，漫射光和散射光增多，能为石榴树光合作用提供理想的光照条件并有利于果实均匀着色。除了在栽培的光照环境上要满足软籽石榴对光照的要求外，生产中注重贯彻合理密植、合理整形修剪、病虫害绿色防控等综合技术措施，培养健壮的树体，才能建优质高产的软籽石榴园。

从气象条件分析，软籽石榴树要经过低温刺激才能完成花芽分化，且在生长期要求10℃以上的积温在3000℃以上，为保证软籽石榴的坐果率、果型大小、果实光泽、风味及口感，根据多年生产实践调查，金沙江干热河谷地区东经100°～102°、北纬26°范围的地区，最适种植海拔为1400～1800 m，最佳种植海拔1450～1700 m。海拔1400 m以下的地区，除有非常适合软籽石榴生长的特殊局部小气候的区域外要尽量少种。金沙江干热河谷地区，四周均有高山环绕，不易受冷空气的侵袭，≥10℃的年平均活动积温达7281℃，≥10℃的天数超过300天，能为软籽石榴提供天然的光热条件。而冬春季很大的昼夜温差其强冷空气能为软籽石榴花芽分化提供天然的低温条件。春季回温快，1～2月初软籽石榴的枝条即萌动，3～5月正值开花及坐果期，气温平稳上升，有利于保证正常授粉受精和提高坐果率；6～8月为全年温度最高的时期，且昼夜温差大，适宜软籽石榴的果实干物质合成和积累。总体来说金沙江干热河谷地区除个别低海拔地区气温略高外，温度条件适合栽培突尼斯软籽石榴的地方较多。此外园址选择还要考虑自然风，为促进果园内的空气流动，维持园内二氧化碳和氧气的正常浓度，营造并调节局部小气候，为软籽石榴的光合、呼吸作用提供适宜的环境，加速花粉的传播，提高石榴园授粉受精率，从而提高坐果率并增加产量要依据气候状况、地理位置、风级的大小，建立防护林，为果园营造适宜软籽石榴生长的小环境，避免风级过大和霜冻对果园产生危害。

二、排灌条件

水能直接影响石榴树的生命活动并直接参与体内各种物质的合成及转化，水分不足和过多都会导致软籽石榴生长不良，所以为实现软籽石榴的高产、稳产、优质，在建园时要充分考虑园地的水源建设问题。在金沙江干热河谷地区，旱季（11月至次年5月）的降雨量以及水源条件是决定软籽石榴园规模的大小及能否丰产稳产的主要因素，所以建园最好建在地下水位在1 m以下且有充足自然水源的位置。为保证软籽石榴中前期生长发育的需水量，还应当考虑配套建设如水窖、蓄水池以及灌溉设施。目前，在金沙江流域建成了多个光伏提水电站，为软籽石榴生产的发展提供了有利的条件，但覆盖范围仍然有限。此外，金沙江干热河谷地区进入雨季有时还会出现长时间连续降雨以及降水量级增大，引发园地积水，若积水时间过长，土壤内的氧气含量减少将会直接影响软籽石榴根系的生长，出现果实的膨大受阻、着色困难和成熟度不一致等问题。这是制约本地区软籽石榴园发展的主要问题之一，所以在园地规划时要注意排水，并保持土壤的通透性。

三、地形选择

金沙江干热河谷地区虽然多为坡地，但由于石榴树垂直分布范围较广，在海拔 1400 ～ 1800 m 的范围内仍能较好生长，但海拔较高的区域，光照强度和紫外线强度较强，软籽石榴的着色、籽粒品质明显优于低海拔的平原地区。对于在金沙江干热河谷地区种植软籽石榴来说，最好选择阳坡面、坡度不超过 20° 的坡地，不能选择迎风口及易下霜的闭塞山谷地带。土壤是果树实现高产、稳产、优质的最基本条件之一，石榴树对土壤的选择要求不严，在多种土壤、pH 4 ～ 8.5 范围内均可正常生长。其中砂壤土由于土质疏松，透气性好、微生物丰富且活跃，能促进软籽石榴的根系生长，果树枝强叶茂，结果量大且品质好，而 pH 在 7±0.5 的中性和微酸微碱的土壤中生长最为适宜。

四、地理位置

为确保粮食安全，丽江市的好田好地用来种植粮食和蔬菜，提倡用坡耕地和滩涂发展软籽石榴生产，让果树上山。园地要选择在非基本农田的区域，远离工业“三废”的区域，特别是不能在工厂的下游区域建园。不能选园地土壤中重金属及农药残留超标的地块，原土壤中要没有对软籽石榴有致命伤害的病虫害。此外为了方便运输肥料及果实，要尽量选择在交通条件便利的地方，与乡道、国道、省道或县道相接。

综上所述，栽植软籽石榴的园地应选择在有一定地下水源或附近取水便利，不易积水，背风向阳，光照充足，温度适宜，风级不大，少霜冻或无霜冻，排水良好，土壤深厚肥沃且疏松，pH 在 7±0.5 的砂壤土，坡度不超过 20°，在东经 100° ～ 102°、北纬 26° 附近的金沙江干热河谷地区，选择在海拔 1400 ～ 1800 m 区域内建园较好，并注重规划好园内防护林、工具房、配药池、管理用房（含农药库）。

第二节　园地规划

一、小区规划

合理的划分小区能为软籽石榴品种的安排和果园的管理提供便利。小区大小可根据园地的地形、地势、自然条件等实际情况决定。山地建园自然条件差异大，考虑水土保持和后期灌溉、运输等线路的布置情况，小区面积最好设置为1.3～2.0 hm^2，形状一般为长方形，方便耕作和管理。小区的长边要和等高线走向平行以及与等高线的弯度相适应，苗木采用等高带状栽培，这样方便管理，同时一些简易、小巧的农业机械也可以进园作业。而在平坝地区建立的果园，其地形、土壤、地势等一致性高，小区的规划以方便耕种和日常管理为原则，一个小区可规划为3～6 hm^2。

图 5-1　软籽石榴小区带状栽培

二、防护林建设

防护林具有减少风沙、旱、寒对软籽石榴危害的作用，还能减少园内土壤水分的蒸发，降低风速。对于处在幼苗期的软籽石榴园，由于枝叶较细软且量少，容易受风害影响生长和影响结果期果树的授粉受精，冬季则容易受霜冻，所以无论是在平坝或山区建园，都应该设置防护林。除此之外，防护林对于改善软籽石榴园的生态环境、调节园区的小气候、防止水土流失有明显的作用。对于金沙江干热河谷地带来说，最好选择稀疏透风的栽植方式，能够在园内形成小环流，增加园内空气的流动性，从而促进软籽石榴的光合作用和呼吸作用。

防护林的树种最好选择本地乡土品种，无病虫害，抗逆性强且适应性强，坚持适地适树的原则，最好可以兼顾一定的经济价值。在金沙江干热河谷地区一般选择苦刺、滇刺枣、桉树、干香柏、桑树、油橄榄、花椒等植物。

防护林的树种配置最好做到乔、灌搭配，配植的方式为，乔木栽在中间，灌木栽植在乔木两侧，根据树种确定株行距。距果园最外侧一行 15 ～ 20 m 栽植，最好在果树定植前 1 年就栽植防护林，栽后注意松土、除草、施肥，防护林管理可以适当粗放。

在坡地建园的防护林带的方向要与主风向相垂直，谷地的下部，主林带要稍偏离谷口，留出适当的缺口便于冷空气排出。

三、园地准备

建园栽树前，为了能使果树有一个适宜生长且方便管理的环境，要对园地进行加工改造，而针对金沙江干热河谷地带的地势特点，水土保持是保障果园健康发展的重点。要根据地形地貌的特点改造园地，确定栽植的方式，做好栽植穴开挖等前期工作。

（一）山地园地准备

1. 等高梯地的修建

在坡度 5° ～ 25° 的地带建园栽植软籽石榴，适合修筑等高梯地，这样可以将坡地变为平台地，减小地表径流，防止水土流失，提高土壤的保肥保水能力，还便于铺设水肥一体化管道，促进软籽

石榴根系的生长及方便园地管理。等高梯地由梯壁、边埂、梯地田面以及内沟组成。修建步骤如下。

（1）砌筑梯田壁，挖平田面。测量等高线。根据等高线砌梯田壁，梯田的高度最好不要过高，当高度不超过 1.5 m 时可垂直砌；超过 1.5 m 的地段，基部要有一定坡度，有利于增厚土层，保持肥力、防止塌陷的作用。梯田壁修筑的原则是以梯田面积最大化、省工省力、挖填土量最小为原则。在石多土少的区域壁垒砌筑可采用石垒，要尽量坚固。砌筑时边挖坡上土，边填在基部并夯实，即挖田面和砌筑垒壁同步进行，田面的大小根据地形情况，如坡度的大小、施工的难易程度、土壤的状况来决定，这样砌筑壁垒完成的同时田面开挖也同时完成，省工省时。

（2）挖排水沟及护田埂。田面的内侧要挖蓄水、排水沟，防止栽植沟内涝，影响根系生长。还可在两侧设水簸箕，水过多时溢出蓄水沟，再排进排水沟，最后引到果园的蓄水池中。挖出的土可堆在外沿的位置筑成田埂。

（3）开栽植沟。石榴树一般栽植于田面外侧的 1/3 处，使根系有充分的生长位置，让主枝的生长不受干扰，还能充分利用阳坡光照充足的优势。

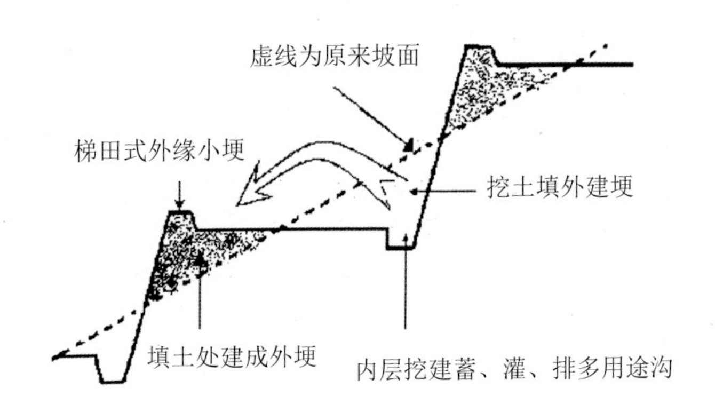

图 5-2　坡地改梯田式建设果园示意

2. 挖鱼鳞坑

在不宜修筑梯田的位置，可采用修筑鱼鳞坑的方式。挖鱼鳞坑的操作如下：

（1）确定栽植点。要先规划栽植点，一般沿坡地的等高线成行规划，行距根据坡势确定，株距最好能保持标准一致，然后确定栽植点。

（2）挖栽植坑。从栽植点上部取土，修筑成外高内低的半月形坑，坑的大小根据要定植的软籽石榴苗的大小决定，在坑的外缘用石块和草皮堆砌加固，防止栽植坑发生内涝。由于坡地浇水不方便，水肥一体化管道铺设难度大，也可在鱼鳞坑的两侧开挖深 0.7 m，宽 1 m 的沟，在降雨时起到集水槽的作用，方便补充水分给植株。

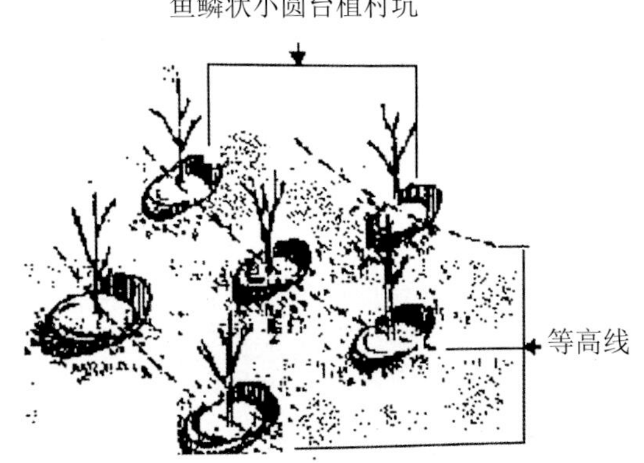

图 5-3　坡土建立鱼鳞状坑果园示意

（二）平坝园地准备

平坝地区建园，如果是在活土层浅、心土板结或土壤结构性差、肥力瘠薄的地方，要及时进行深翻，还要增加有机质肥料进行改土。为果园后期管理方便以及促进早产丰产，一般采取长方形栽植的方式，采用（2～3）m×（3～4）m 的株行距，能合理有效的利用土地，且通风透光，个体发育不受影响，便于铺设水肥一体化的管道设施。

金沙江干热河谷地区雨季持续时间长，软籽石榴不耐涝，为防止果园积水，增加根系的透气性，要采取起垄栽培的方式，这样可以有效增加土层的厚度且疏松根系土壤，增加根系的活力，促进根系的生长。起垄栽培又可分为单垄栽培和大垄双行栽培的方式。

1. 单垄栽培

根据果园土壤的肥力状况决定合适的株行距，一般为（2～3）m×（3～4）m，土壤较肥沃，苗木长势好，可适当控制栽培密度，土壤贫瘠的地块则可适当密植。根据行距开挖深 80 cm，宽 100 cm 的定植沟，混合有机肥和表层土壤先回填，填充定植沟并做成拱形垄面，一般宽 1～2 m，垄高高出地面 20～40 cm，可根据园地排水状况调整，修正垄面后在中间再挖栽植沟或栽植穴。两侧开挖排水沟，宽度为 40～50 cm，深度为 30～40 cm。

单垄栽培的优势是排水效果好，但是保水效果较差，另外，遇到连续降雨的天气，垄间排水沟积水严重，难以进入田间进行其他管理，加大了果园管理难度。所以在实际的管理中，要根据树冠冠幅的大小以及根系的生长状况结合扩塘深施秋肥，有选择地拓宽垄宽，保持垄面宽度与软籽石榴树冠幅接近。

2. 大垄双行栽培

对于目前金沙江干热河谷地区的软籽石榴果园来说，大部分采用单垄栽培的模式。为改善果园的排水保水情况，方便小型农用机械的进入以及工人进行套袋、摘果等田间管理作业，可将单垄栽植改为大垄双行栽植。

在原来的单垄栽培地的基础上，挖深一侧排水沟，在原来的沟深基础上再加深 10～20 cm，至 40～50 cm，宽度可不变；回填至另一侧排水沟，填至与原来单垄高度齐平的位置，即单垄面宽扩至 2.5～5 m。大垄改造可结合秋季基肥的施用一块进行，这样可以促进肥料的利用效率，还能保证新根延展的部分土层疏松。

新建园株行距同样为（2～3）m×（3～4）m，大垄栽植面宽为 3～6 m，长度视圃地的大小决定，操作步骤与单垄双排的方式相同，但加深排水沟深度至 30～40 cm，方便排水。在大垄上根据株行距挖双排栽植穴或栽植沟进行苗木的定植。

平地建园定植穴分为穴栽或沟栽两种。穴栽一般根据栽植的株行距，栽植苗木的大小挖栽植穴即可。沟栽则可以借助大型挖土机，统一挖条形沟，长度根据地块的大小、小区的设置确定，沟的深度、宽度要根据预备栽植苗木的大小确定，等到栽植时将树苗按照株距依次放入沟中的栽植位置，统一覆土即可。

（三）栽植穴

无论是在坡地建园还是在平地建园，栽植穴的大小以及栽前处理都基本相同。栽植前要确定栽植密度以及定植点，然后挖栽植穴，栽植穴的大小根据苗木的树龄决定，幼龄树的栽植穴比根茎适当大一些即可，一般为 50 cm 深的正方体。而 7 ～ 8 年生的带土球移栽的大树，栽植穴一般要比树苗的土球大 20 ～ 30 cm、比土球高度深 20 cm 左右的，可提前 3 ～ 6 个月挖好栽植穴，让地土充分风化，在定植前 1 ～ 2 个月回填土。具体的操作办法为：可将杂草和树叶与表土混合后放在最底层，然后将腐熟的有机肥 10 ～ 20 kg 与表土混匀填入穴内，再填其他生土，未腐熟的有机肥则最好在表土覆盖即可；灌水方便的果园可以灌一次透水，让杂草、树叶和有机肥充分腐熟后再进行定植。

四、园内道路

大型的软籽石榴园道路系统一般由主路、支路、小路 3 级组成，要以方便果园的管理、运输和灌排为原则。为方便肥料和产品的运输，主路要贯穿于园区的重要片区，内与管理房等建筑设施相连接，外与乡道、国道、省道或县道相接，宽度尽可能能容纳大货车的通行。干路由主路分出，并能通达至各片区果园，其主要作用也是方便肥料和石榴果品的运输，有条件的设置成能容纳小型机动车能通过的宽度。

支路也称作田间作业通道，应当遍布全园各区，主要供果园管理人员行走以及小型的农用机械通达。

五、排灌系统

排灌系统的规划建设对于果园至关重要，要因地制宜安排好水源、灌溉和排水系统，以方便和利用率最大化为原则，节约利用园地面积。对于建设在平坦滩涂区域的果园，做成排水沟和灌水沟并用，能节约成本和节约土地，但由于受环境限制不能并用的，要搞清楚排水的流向，单独设置排水系统和灌水系统。对于坡地园区，最好寻找附近有自然形成的溪流、泉水的位置，方便灌溉，如没有，则需考虑山下引水入园，建立蓄水池，但成本较高。其次考虑到金沙江干热河谷地区山地保水性较差，旱季雨季转化明显，降水集中，降雨量少，日照强烈，蒸发量大，良好的排灌系统及蓄水装备的设置必不可少；为应对连续的雨水天气，要设置好排水沟，并在果园的上部设置 0.6 ～ 1 m 宽的拦水沟，防止下泄洪水对下部果园带来的水土流失损失；为应对漫长的干旱季节要设置蓄水池、水窖以及配套的灌溉设施，灌水渠道应该与等高线一致，采用半填半挖式，灌排兼用。

（一）灌溉系统

1. 沟灌

由干渠和支渠组成。设置时渠口的位置要尽量高一些，且干渠要短，能节省用材和减少漏水，支渠则按照小区划分安排。但是沟灌耗水量较大，对于坡地果园，对土壤的冲刷太大，容易引起土壤的板结和降低土壤保水保肥的能力。

2. 水肥一体化设施

水肥一体化技术是灌溉与施肥融为一体的节本增效农业新技术。水肥一体化是根据土壤养分含量和作物需肥规律和特点，将可溶性肥料配兑成肥料母液与灌溉水一起，借助压力系统或地形自然落差，通过管道系统供水供肥。在后面“水肥一体化技术”章节再作详细介绍。

（二）排涝系统

软籽石榴怕涝，采取起垄栽培的方式进行栽培较好，平地果园一般在小区的边沿做支沟，支沟内的水向总排水沟汇集，丘陵以及山地的等高壕沟可用作集水沟。

六、品种的选择与配置

（一）品种选择

科学选择适宜金沙江干热河谷地区的软籽石榴主栽品种能有效

提高果园的产量和果园的效益，要依据果园的经营方针和主要目标，如要销售鲜果还是加工，综合考虑品种的生物学特性、生长习性，果园的立地条件、小气候状况、交通状况、技术水平、劳动力的素质等。优先选择当地原产品种或已经经过引种试验且表现优良，栽培时间长以及具备优良经济性状的品种。如果要从外地引进新的品种，需要充分了解新品种的生物学特性以及生长习性，要经过在建园地引种试种后才能大规模发展。

（二）品种的配置

1. 配置的基本要求

原则上要求主栽的软籽石榴品种具备优质、高产、抗性强、色泽美观、耐储运等特点。并且受金沙江干热河谷地区地形复杂、各地的地形、土壤条件和区域间的小气候不一致等条件的限制，要因地制宜选择软籽石榴的品种，目前主栽的品种有突尼斯软籽石榴、黑籽半软籽石榴（从墨玉石榴中选育出来的）、红如意等。在同一果园内，还要选择栽植不同成熟期的品种进行搭配，调节劳动力，延长鲜果的销售期，但主栽的品种一般需占 70% 以上。

根据金沙江干热河谷地区的气候、土壤、地形条件以及当前人们对软籽石榴的口感的偏好，品种选择的原则是：

（1）鲜食为主。

（2）外观色泽鲜红，果皮光滑。

（3）石榴籽粒籽软，可食可吞咽，易消化。

（4）早熟、中熟、晚熟品种合理搭配。

2. 授粉树配置

虽然软籽石榴为雌雄同花，自交和杂交都可完成授粉受精，但自花结实率低，异花授粉更有利于提高结实率以及果实的产量和品质，因此在建园时合理配置一些花粉量较大的品种定植。授粉树品种的选择要遵守以下原则：

（1）授粉树要与主栽品种同时开花，寿命大概一致。

（2）每年都能正常开花且花粉量大、质量好。

（3）与主栽品种同时进入结果期。

（4）与主栽品种杂交结实率高，经济性状优，且能互相授粉，果实成熟期一致或有先后顺序。

（5）主栽品种和授粉树的最佳比例为6 ∶ 1，最低要达到10 ∶ 1，隔几棵主栽品种就要种一棵授粉树，它们之间的距离最好在20 m以内。配置的方式为：

①在相邻的片区根据小区划分混植授粉品种。

②同一行内间隔几株主栽品种就混植一株授粉树，或几行主栽品种配置一行授粉树。

目前永胜等地软籽石榴园选择的授粉树一般为中农红和红如意等。

对于已建成授粉树配置较少的软籽石榴园，采用花期放蜂、人工授粉等方式提高坐果率以及果实的品质。

第三节　苗木定植

一、栽植密度

合理地安排软籽石榴的栽植密度可以构建良好的果园群体结构，能充分利用金沙江干热河谷地区的光热资源以及经济有效利用土地，并充分发挥栽植品种个体的生产潜力，达到早期丰产、持续高产、单位面积产量提高的目的。栽植密度要根据栽植区域的气候、土壤肥力、栽植品种的特性和管理方式等确定。

（一）土壤肥力

土壤肥力状况石榴的生长发育的重要因素之一，其中越深厚肥沃的土壤，个体发育旺盛，树势强，树冠大，为保证其生长空间，栽植密度宜小。而气温较低，土壤瘠薄或灌溉条件较差的地块可适当密植。

（二）合理密植

主要有永久性密植和计划性密植两种。

1. 永久性密植

根据园地的气候、土壤肥力、栽植品种的特性和管理方式，定植时就将密度确定，中途不变动，一般株行距为3 m×4 m，具体密度的确定还要考虑到软籽石榴的品种特性，如生长后期的树冠大、郁闭程度高的品种，栽植的密度不宜过高；如栽植的品种树势紧凑，树型较小的品种密度可以高一些。这样栽植的优势是前期树小，产量较低，但是用苗量低，节省劳力和时间，行间还可间种其他的低秆农作物。

2. 计划密植

为解决早期由于树小导致的产量低的问题，可在初栽时高密度栽植，后期植株间相互交叉影响后，根据植株的长势进行间伐或间移。

（1）间伐型。在高密度定植的园区，当软籽石榴的树冠交叉，出现郁闭时，为保证苗木的持续优质高效产出，要有计划地去除多余主干，一株树选留一主干培养为永久干。对永久干以外的主干，采用拉、压、造伤等措施，采用单干的主干形树形，要控制其生长促进开花，进而促进早期结果，与永久主干矛盾时要适当地回缩并逐步疏除非主干枝条。

（2）间移型。一般计划成龄树的株行距为 3 m×4 m，但为弥补新园早期产量较低的缺陷，有计划地在株间或行间增加栽植的株数，称为临时株，栽植的密度临时变为 2 m×3 m。对于这些增加的植株在保证其正常生长的基础上，采取促进早花早结果的管理手段，而对于永久的植株则要注意培养良好的树型，适当地保花保果即可。当树冠出现互相遮蔽的情况时，视遮蔽的情况对增植的植株进行枝条回缩，并逐步移除，为永久植株提供足够的生长空间。

二、栽植时期

如营养袋苗，软籽石榴一年四季均可进行栽植。在金沙江干热河谷地区一般主要在两个时期进行栽植。

（一）冬栽

落叶后至春初枝条还未萌动之时，尽早进行。较寒冷的地区，可采用主干涂白或缠布条或绑草的方式进行防冻。

（二）秋栽

秋天带叶进行栽植，此时土壤较湿润，气温高，有利于苗木成活以及抽新梢。

在金沙江干热河谷地区冬季一般不会发生冻土等情况，且冬季栽植的成活率较高，来年缓苗快，长势旺。

三、定植

（一）定植苗的选择

1. 袋苗建园

袋苗植树运输方便，全苗栽植根系保护完整，苗随根际土团栽种，起苗和栽种的过程中根系受损伤少，缓苗期短，幼苗生长旺盛，移栽成活率比裸根苗高。选择生长健壮，枝干粗壮的苗木进行栽植。

2. 一、二年生幼苗建园

幼树由于树龄较小，远距离运输的苗易受伤害，栽植前要对苗木质量进行分级。弱小、畸形、伤口过多、病虫害严重等质量不好的要淘汰。为后期产量质量考虑，要选择粗壮、芽饱满、根系完整进行分等级栽植。可分为干栽和平茬苗，平茬苗留干 5 ～ 10 cm，相比干栽，蒸腾减少、成活率高。

3. 三、四年生大苗建园

起苗前，要将树冠从大枝分枝处截去一部分，留 20 cm 左右长的枝条即可，并适当疏除过密部分的枝条，重叠枝、病枝。起苗要保留完整的根系，带土球，刨出后越快栽植越好；也可在上一年就提前挖沟断根，距树干 15 ～ 20 cm 处开挖，但是不将树苗掘起，等到栽植的季节再挖出。大苗建园第一年要以树苗成活为主，管理得当可当年结果，第二年才可能会有较好的经济效益。

4. 大树移栽建园

大树一般来源于计划密植园的临时软籽石榴树，移栽一般从上一年的休眠期就要开始，在移栽的树干外 20 ～ 30 cm 的位置，挖宽 20 cm、深 60 cm 左右的环形沟，将水平根截断后填土，如此操作可以断根并催发新根，促进移栽后尽快恢复树势。移栽前，要将树冠的枝条部分截断。在上年挖环形沟处开挖，截断下部生长的大根，用起重机将树连土球一起移出坑外，修剪去除受伤的不规则大根。土球的直径为距地面 50 cm 处的树干直径的 5 ～ 8 倍即可，高度可为土球直径的 2/3，底部直径为中部直径的 1/3，上部直径为中部直径的 2/3，整体为半圆球形。

土球挖出后，如果是异地移栽，要用草绳进行缠裹。先用双股草绳进行裹缠，具体的缠绕方法为：将草绳一端拴在树干的基部位置，然后从土球的上部斜向下绕过土球的底部，再绕到土球的上部，在上一圈间隔 8 ～ 10 cm 的位置处继续从上到下缠绕，如此反复缠绕，直至将整个土球包裹住，土球的底部要交叉成十字形，缠绕的草绳要尽量缠紧。裹好后为了草绳不会松散要将草绳的端头拴绕在树干的基部位置。草绳裹好后，在土球腰部再缠绕草绳 10 ～ 16 圈进行加固，再从土球上部到下部斜缠一圈固定，将绳头拴紧固定住腰部的草绳。

带土球的运输装车以及运输的过程中要防止因颠簸导致的土球松散、脱落、失水、断根等其他机械性损伤，到园地要立刻栽植，无法立刻栽植的，要以互不影响为原则，将土球培土 1/3 高，不要把土球盖严。

（二）定植方法

最好选在当地繁育的苗木。定植前要仔细检查苗木的分级情况，分等级栽植，剔除细弱、畸形、机械损伤严重、病虫害严重、根系弱的苗木。要对软籽石榴的品种进行再次核对，按照计划的栽植密度以及主栽品种和授粉树的配置进行栽植。

1. 袋植苗定植

袋苗的定植时小心撕去栽植袋，尽量保留须根上的泥土，将去除栽植袋的树苗放进种植穴中，覆盖细土，轻轻压实。马上浇一次透水，缓苗期尽量遮阴保湿，土壤不能积水。剥除后的栽植袋统一收集进行处理，不能随意丢弃污染环境。

2. 带土球苗木定植

三四年生以上的大苗最好带土球掘苗，随起苗随栽最佳。如果是外地调运经长途运输的苗木，要立即解开包装，不带土球的裸根苗最好在清水中浸泡 24 h，等根部充分吸水以后再栽植或假植；带土球的栽前不宜浸水，以防土球破损对根部造成损伤。

定植时一般先栽果园一条边的基线苗，之后再栽与基线垂直的两边苗与对边苗，以确定株行距，然后再逐步栽植内部的苗。

栽植时先在回填好土肥的栽植坑中挖出栽植穴，将苗垂直放在坑中心，然后再分层填入表层土。幼苗可采用“三封两踩一提苗”的方法，具体操作方法如下：苗木放入栽植坑后，将表层土回填至根系附近，然后轻提一下，使根系舒张，与地面相平后轻踏实，再

用余土将苗埋严实，再踏实，四周要压紧实，根际部分土壤为内松外实，有利于根系充分接触土壤，最后在苗木四周培土做 0.5 m^2 的圆盘状树围。对于七八年生的大树，以春、秋季节栽植最好，需要用起重机吊起放入栽植坑中，采用分层填土并逐层踏实，注意不要踩碎原树带的土球，栽植的深度与树干原来的土壤印痕相平或高出一点即可。

栽好后为使苗木更快恢复活力，应立即用配制好的生根水沿土球的外沿或栽植坑外围浇灌，再充分浇水。为更好地保温保湿，可覆盖上地膜或秸秆保水增温，采用这样的方法还可防止苗木根部周围杂草生长，提高苗木的成活率。

为防止定植后由于各种原因造成苗木死亡，要同时准备一些备用苗进行补栽，备用苗可先栽植于栽植营养袋内放置在园地空闲之处。

四、栽后管理

（一）水分管理

栽植完成后，要根据园区内的土壤水分含量适时浇水，保证水分的供应。如果是秋栽，春季枝条萌发时，由于金沙江干热河谷地区春季降水较少，须勤浇水，保持土壤的湿润；如果是雨季的秋栽，遇上连续降雨的天气，要注意园区的排水，防止造成涝害。

（二）苗木的挽救与补栽

苗木栽植后到达萌芽期时，要及时检查成活率。检查时主要查看韧皮部，如仍然发绿，失水状况不明显，表明苗木仍能存活；但是到 5 月底仍不发芽，可留下距地面 5 ～ 10 cm 的枝干，其余剪除，之后增加灌水量以促进枝芽萌动。有些软籽石榴品种要经过雨季之后才会发芽，若确认苗木无活力已死亡的，要及时进行补栽。补栽最好在 6 月前后雨季来临时进行，或也可在休眠期进行，因为金沙江干热河谷地区基本无冻害，落叶后可随时进行补栽，补栽前要记住除去营养袋。若是因为病菌感染导致的苗木无法正常生长的，拔出病苗后，要对土壤先消毒再补种。补栽时要选择大小与园内其他石榴苗大小相当或略大的苗木，以保证以后全园生长周期相一致。

第六章　土肥水管理

第一节　土壤管理

土壤管理是指通过耕作、栽培、施肥、灌溉等，保持和提高土壤生产力的技术。土壤管理是保护土壤环境，管控土壤环境风险，是保障农产品质量安全的重要措施之一。软籽石榴生长所需营养物质和水分主要通过根系从土壤中吸收，土层的厚薄、土质的好坏和肥力的高低直接影响软籽石榴的生长发育。土壤管理是对软籽石榴树地下部分的管理，其目的是使水、肥、气、热协调作用，创造深、松、肥的土壤环境，保证软籽石榴根系良好生长，促进植株健康生长，达到软籽石榴优质、高产、稳产的目的。

一、土壤微生物

良好的土壤生态系统是农业产业可持续利用和发展的基础，集约化农业发展模式推动了农业产业的快速发展，农产品经济效益不断提升。在追求产量提升的同时，长期使用大量的化肥和农药，导致土壤质量下降、土壤微生物多样性减少，严重影响了耕地的持续高效利用和农产品的质量和产量。

土壤微生物是土壤生态系统中一个重要组成部分。土壤有机质和微生物群落遭到破坏，会导致土壤生态系统的破坏，引发病虫害的发生。因此，在农业生产过程中，使用长效的有机肥料对土壤结构和微生物群落进行调节，是提高土壤自我恢复和更新能力，是保持农业产业绿色健康发展，遵循农业化肥减量，提质增效的有效途径。

（一）土壤微生物的组成

土壤微生物是土壤中一切微小生物的总称，包括细菌、真菌、病毒、原生动物、线虫、藻类等，土壤环境及土层深度影响土壤微生物的种类和数量。土壤微生物在土壤中主要进行氧化、硝化、氨化、硫化、固氮等活动，是促进土壤有机质分解和养分转化的重要媒介。

植被类型、土壤结构、温度、透气性、水分含量、养分状况等都对土壤微生物的生存和活动产生较大影响。研究发现，肥沃的土壤中微生物数量多，细菌所占比例高；在干旱、瘠薄的土壤中，微生物数量少，细菌所占比例降低，真菌和线虫比例升高，这表明土壤微生物多样性越丰富，表示土壤肥力越好，越适合植物生长。

（二）土壤微生物的作用

土壤微生物是土壤中物质转化的动力因子，持续不断地进行着固氮、硝化、反硝化、腐殖质的分解和合成等作用。土壤微生物还参与矿化—同化、氧化—还原等多种反应，是植物营养转化，有机碳代谢与污染物降解的驱动力。在土壤肥力变化过程中，随着养分的循环利用，土壤微生物能够对土壤养料储备以及植物对土壤碳、氮、磷和硫的有效利用产生积极影响。

土壤微生物还能在生存过程中分解土壤有机质，促进腐殖质的形成，促进土壤固定、吸收和释放养分，对植物营养状况的改善和调节具有重要作用。不仅如此，土壤微生物在与植物共生促进植物生长的同时还能分解土壤中残留的有机物污染、重金属污染、农药化肥，在一定程度上可以作为反映土壤肥力状况、土壤质量、受污染程度等的指示生物。

有益土壤微生物还可以改变土壤中某些无效矿质营养元素的形态，使之易被植物吸收利用，例如固氮和解磷。部分微生物还可以通过相互之间的互作或与植物根际微生物之间的互作诱导植物的抗病性及抗逆性，产生抗生素、溶菌酶、进行空间竞争和营养竞争等，以此来抵御有害病菌，或是利用微生物次生代谢产物，溶解病原菌孢子的细胞壁，致使病原菌失活，提高植物的抗病与抗逆能力，从而减少病虫害对植物生长发育的影响。

（三）植物与土壤微生物的互作机制

土壤是植物营养来源的主要途径之一，植物主要通过根际与土壤产生联系，根际微生物与土壤微生物的互作机制，影响植物的正常生长。植物主要通过根际分泌物影响周围土壤微生物的群落结构，进而提高养分利用率和自身抗性。而土壤微生物可通过改变植物代谢过程中细胞的渗透压、酶的活性以及其他成分与植物体相互作用，通过对植物产生的根系分泌物某些成分的专一性吸收来引起根系分泌物数量和质量的变化。

植物根系分泌物的丰富程度决定了土壤微生物的种类和数量。微生物群落的动态变化过程变向影响植物根系从而影响植物体内物质循环和能量的流动，最终干扰植物生长发育过程及地表植被的多样性变化。植物进行光合作用的过程中将固定的碳通过根系分泌物的形式释放到土壤中，为土壤微生物的生存提供丰富的养料，而土壤微生物则借助趋化感应，向根际及根表面进行富集和定殖，生长过程中的代谢产物不仅可以作为植物养料，分泌的部分激素物质还可以诱导植物产生生长发育所需的酶类、激素和抗性物质，从而在提供土壤肥力的同时，增强了植物各方面的机能。由此可以看出，植物、土壤和土壤微生物之间存在着紧密的联系。

（四）施用有机肥与土壤微生物的联系

有机肥的使用已被证明可以有效促进作物的生长，改善土壤结构，从而影响土壤微生物的数量。有机肥将多种微生物作为添加剂施用于地面，肥料中的菌类丰富了土壤微生物的数量，补充了土壤有机质含量，从而提高了土壤养分以及植物与土壤间的养分交换能力，增加了土壤保水、保肥的能力，并使土壤具备一定缓冲能力，避免土壤受酸、碱、盐、农药和有毒重金属的侵害，产生盐渍化、酸化、碱化等现象。此外，生物肥料中的某些特殊微生物诱导产生的化学物质、他感化合物如铁载体、抗生素、溶解酶和解毒酶等物质是天然农药，可消除虫害侵袭及土壤和环境污染等问题。

有机肥料中丰富的菌群还可通过固氮、磷酸盐和钾的增溶或矿化作用，刺激土壤微生物释放生长调节物质，产生抗生素，使土壤中有机物能够生物降解，从而改善土壤特性，帮助根系扩展并提高各类肥料利用率。而且有机肥能通过增加宿主植物的主要营养物质的供应或利用率来促进植物生长。因此，在科技高速发展，人们对食物品质要求越来越严格的新时代，在农业生产过程中，减少化肥和农药的使用率，增加有机肥的投入，提高农产品质量是农业发展的必由之路。

二、土壤管理

（一）扩穴改土

果园扩穴改土可创造深、松、肥的土壤条件，通过扩穴改土可增大土壤空气的流动和光热条件，改善土壤的理化性质，加速土壤有效成分的分解，提高肥力；可打破土壤毛细作用，降低蒸发，利于保水；可破坏害虫在土壤中的栖息环境，降低害虫越冬基数，减少翌年危害。

软籽石榴定植的 1 ～ 2 年根系较少，第 3 ～ 4 年侧根迅速发育，并超过树冠投影范围。因此，从定植的第三年开始，每年应进行扩穴，以保证根系良好的发育空间。扩穴可以在秋季采果后和冬季进行，但最好在秋季完成，结合扩穴可施秋肥。具体方法如下：

以定植沟方式定植的，每年轮流在定植沟的一侧开挖壕沟改土；以定植穴方式定植的，每年交替在株间和行间挖长方形坑改土。扩穴的深度以达到或接近定植穴深度为好，即深 50 ～ 70 cm，宽度 40 ～ 60 cm，长度则随树龄而逐渐增加。扩穴必须结合施入一定量的有机肥和化肥才能达到改土的目的。常用的有机肥有枯枝落叶、杂草、作物秸秆、农家肥、饼肥等。施肥时，底层应放枯枝落叶、作物秸秆，并与表土混合；中层应放腐熟农家肥和磷钾肥与表土混合；最后回填余下的新土。注意，整形修剪的树枝和弃果一定要清除，不能回填到土壤中，以防止病虫危害。

（二）果园覆盖

果园覆盖可减少土壤水分蒸发，防止雨水冲刷和风蚀，抑制杂草滋生，缩小土壤温度的变化，促进果树根系生长。果园覆盖最理想的方法是行内或树盘覆草，行间间作、行间生草。

1. 树盘覆草

树盘清耕后覆草，以减轻杂草与果树争肥。在春季果树发芽前，树盘浅耕 1 次，然后覆草 15 ～ 20 cm，过薄起不到覆盖作用，覆草后要注意防止火灾。一般的作物秸秆都可以作为覆盖材料，如麦秸、玉米秆、豆秆、稻草、花生穰、红薯穰、各种绿肥及杂草，要在草上星星点点压土，以防止覆盖的草被风吹走，也可减轻火灾风险。

2. 行间间作

果树定植后的2～3年内可实行果园行间间作，发展林（树）下经济以提高土地利用率，增加经济收入。间作宜选择豆类、绿肥或其他一年生矮秆作物，这些作物不影响软籽石榴树生长，有利于园内通风透光，而且豆科作物的根有根瘤菌，具有固氮作用，可以增加土壤氮素。切忌间作高秆禾本科作物或病虫害多的作物，如玉米等。在金沙江干热河谷区软籽石榴园比较适宜间作大豆、花生、蚕豆、地瓜、香料草等矮秆作物。

3. 行间生草

生草栽培是实现果树产业可持续发展的现代土壤管理模式，已成为果品高产优质和提质增效的基本措施。果园生草就是在果树行间选留原生杂草，或种植非原生草类、绿肥作物等，并加以管理，使草类与果树协调共生，是仿生栽培的一种模式。要控制好生草高度，以免影响果树通风透光，除了及时刈草外，可用“碾压”方式，把草压平，压平以后，伏倒的草就慢慢腐烂。

行间生草有以下几个好处：一是果园生草可以净化土壤和水质，生草可形成微生物、昆虫和植物共生的良好立体生态环境，解除因过量施入化学肥料和农药引起的肥料拮抗和毒害，净化土壤和水体。二是果园生草可改良土壤，杂草根系在生长中，从土壤中争得了各自应有的空间，等它们死亡后，根系部位会成为上下通透的管道，无意中改变了土壤的通气性。对板结、贫瘠化、盐渍化以及酸化土壤都有明显的改善作用。三是果园生草可培肥地力，因为草类多数为浅根的喜氮植物，生草通过刈割自然死亡后，草类本身会转化为有机质，吸收的无机营养变成果树更容易吸收利用的利于果树生长的有机营养，可明显提高土壤有机质含量，培肥地力。四是果园生草可增加害虫天敌，果园生草提供了昆虫栖息场所，可增加害虫天敌种类和数量，有效制约了害虫的蔓延。五是果园生草改变害虫的为害方式，由于杂草鲜嫩，离地面近，虫体取食近水楼台，草地温湿度又合适，很多害虫多在生草上活动，很少上树为害果树叶片或果实。

图 6-1　果园生草栽培

（三）果园清耕

果园清耕是传统的果园管理方式。果园清耕即在果园内不种任何间作物，生长季内多次中耕除草，保持土壤疏松，增强土壤透气性和保水保肥。长期采用清耕的土壤，若不补充有机肥，常因土壤原有有机质逐年分解而使土壤结构破坏，造成板结，影响树体正常生长与结果。因此，采取清耕的果园，每年要补充有机肥。

第二节　施肥技术

一、施肥原则

近年来，由于软籽石榴种植户为降低生产成本，短、平、快提高种植效益，氮磷钾等大量元素化肥施用量越来越大，而有机肥、中微量元素肥施用不足甚至不用，3 ～ 5 年内软籽石榴的产量和品质影响不太明显，但 5 年后随着土壤肥料减少，产量品质逐年下降。因此，软籽石榴施肥需要遵循四个原则。

（一）坚持无机肥与有机肥相结合

种养结合、循环利用，积造腐熟农家肥，使用商品有机肥，提高农业废弃物资源化利用率，充分发挥肥料效益，以保持或增加土壤肥力及土壤微生物活性。

（二）坚持大量元素与中微量元素相结合

根据作物需肥规律、土壤供肥能力和肥料效应，在合理施用有机肥料的基础上，科学搭配氮、磷、钾大量元素比例和钙、镁、铜、铁、锰、锌等中微量元素比例，并适时施用。

（三）坚持基肥与追肥相结合

根据作物不同生育期的养分需求，因地制宜追施肥料，采用少量多次、适时加餐的方式补充养分。

（四）坚持农机与农艺相结合

农机和农艺配合使用，推广使用机械深施、水肥一体化技术等，提高肥料利用率。

二、所需营养元素

果树需要的营养元素多达 20 余种。其主要的有碳、氢、氧、氮、磷、钾、硫、钙、镁、硼、铜、铁、锰、锌、钼等。这些元素中碳、氢、氧、氮占高等植物体干物质的 95% 左右，它们是高等植物体内重要有机化合物，如淀粉、糖、酸、蛋白质和脂肪等的元素成分。其余元素均包含在植物体燃烧后所得灰分中。灰分虽然仅占植物体干物质的 5% 左右，但却是植物体内某些重要化合物的元素成分。碳、氢、氧、氮、磷、钾等 6 种元素需要量多，称为大量元素，其中碳、氢、氧大多来自大自然，而氮、磷、钾在生产上基本由人为因素制成的肥料，所以，通常叫作“肥料三要素”；钙、镁、硫 3 种元素统称为中量元素；硼、铜、铁、锰、锌、钼等统称为微量元素。如果在软籽石榴生产环节中某种元素缺乏、不足或失调，都会影响果树的生长发育、产量和品质。

（一）碳（C）、氢（H）、氧（O）

碳、氢、氧是植物的必需营养元素，主要来自空气中和土壤中的二氧化碳和水，在生产中很少列入肥料行列中。但它们在植物体内含量多，占植物干重的90%以上，在果树需要的营养元素中是大量元素。由于它们积极参与体内的代谢活动，是植物有机体的糖、脂肪、纤维素、半纤维素、果胶质、酸类化合物的主要组成部分，还可以构成植物体内的活性物质，如某些纤维素和植物激素。此外，氢和氧在植物体内生物氧化还原过程中也起到很重要的作用。首先始于植物光合作用对二氧化碳的同化。碳、氢、氧以二氧化碳和水的形式参与有机物的合成，并使太阳能转变为化学能，它们是光合作用必不可少的原料。特别是氢、氧以水形式直接关系到其他营养元素参与体内的代谢活动。

（二）氮（N）

氮是植物细胞中蛋白质、酶、核酸、叶绿素、维生素、生物碱等的主要组成物质，是细胞和细胞核的组成成分。果树施氮，可促进细胞分裂、枝叶和果实生长，枝条粗壮，叶片厚绿，光合效能高，树体健壮，产量高。因此，施氮适量，可促进营养生长，提高光合效能，延迟衰老，增强树势，提高产量。氮素不足则引起新梢细弱，枝叶量少，叶绿素形成少，叶色变黄，萌芽开花不整齐，钟状花增多，根系不发达，树体衰弱，植株矮小，落花落果严重，产量低；氮素过量则引起枝叶徒长，组织不充实，抗寒性和抗逆能力降低，花芽分化不良，花量少，落花落果严重，产量低，果实着色差，含糖量低，耐贮藏性差。

（三）磷（P）

磷是核酸、类脂和许多酶的组成物质，是细胞质和细胞核的主要成分。能促进细胞分裂和分化，长根长芽，在光合作用和呼吸作用中能参与能量的贮藏、转变和运输。植物体内很多磷脂类化合物和许多酶分子中都含有磷，它对植物的新陈代谢过程有重要作用。果树施磷肥，能提高根的吸收力，提高抗旱力，促进新根的发生和生长，从而增强果树的生命力，促进花芽分化、果实发育、种子成熟和增进品质。磷素不足，酶活性降低，碳水化合物、蛋白质代谢受阻，延迟萌芽和开花期，降低萌芽率，新梢和细根生长减弱，叶片小而薄，呈暗绿色，基部叶片早落，花芽分化不良，果实品质差，抗旱能力降低。磷素过剩，又会抑制氮、钾的吸收，引起生长不良，铁素不活化，叶片黄化。

（四）钾（K）

钾是许多酶的活化剂，能调节原生质的胶体状态，提高光合作用强度，促进碳水化合物的合成和运输。钾以离子状态存在于植物体中，主要集中在生长点、幼叶和形成层等部分。果树施钾，能增大果实、促进着色、提高果实品质和耐贮性；使枝条粗壮，枝叶停长早，组织老熟，提高抗寒、抗旱、耐高温和抗病虫能力。钾素不足，引起碳水化合物和氮的代谢紊乱，蛋白质合成受阻，抗病能力降低，新梢细弱，梢枯，新梢基部叶片青绿色，叶缘焦枯，向上卷曲。钾过剩，影响钙离子的吸收，引起缺钙，果实耐贮性降低，枝条含水量高，枝条不充实，耐寒性降低，同时，还导致氮和镁的吸收受阻，发生缺镁症，抑制营养生长。

（五）钙（Ca）

钙是组成细胞壁和胞间层的重要物质，它对碳水化合物和蛋白质的合成过程与植物体内生理活动的平衡起重要作用，同时减轻土壤中钾、钠、氢、锰、铅等离子的毒害作用，从而促使果树正常吸收氨态氮，以促进果实的正常生长发育。钙主要以果胶钙的形态存在于细胞壁的中层，能增强植物对病虫害的抵抗力。缺钙影响氮的代谢和营养物质的运输，不利于铵态氮的吸收，代谢过程中产生的草酸不能中和，使根系生长不良，新根短粗弯曲，尖端褐变枯死，叶片小，严重时枝条枯死，果实开裂等。钙过量，土壤呈碱性而板结，锰、锌、铁、硼等不溶，而导致缺钙症。

（六）镁（Mg）

镁是叶绿素的重要组成部分，能促进磷酸酶和葡萄糖转化酶的活性，在碳水化合物代谢过程中起着重要作用，可以影响光合作用、呼吸作用和氮的代谢。在生理上和钙的作用相似，在钙素不足时可以替代部分钙的作用。镁可促进果实肥大，增进品质。缺镁时，叶绿素不能形成，当年生枝基叶出现失绿区，叶变黄，并逐渐向上脱落，植株生长停滞，果实中可溶性固形物降低。镁过量会影响钙的吸收。镁常因与其他金属离子发生拮抗作用，而引起缺乏，酸性土壤和有机质少的土壤或施钾过多的土壤，容易发生这种情况。

（七）硼（B）

对根、茎等器官的生长，幼小分生组织的发育以及开花和结实均有一定作用。硼是促进花粉萌发、花粉管生长和子房发育的重要元素，含硼适量，能提高花粉质量和坐果率，增进果实品质。硼还可以改善氧对根系的供应，增强吸收能力，促进根系发育。缺硼时，繁花满树而结实很少，果实畸形，枝条生长受阻，常引起输导组织坏死，严重时还可使新梢顶端干枯，直至多年生枝干枯。

（八）铁（Fe）

铁对叶绿素的形成起重要作用，直接或间接参与叶绿体蛋白质的形成，是构成许多氧化酶的重要成分。植物体内许多呼吸酶都有铁，铁能促进作物吸收，加速生理氧化。缺铁影响叶绿素的形成，幼叶失绿，叶肉呈黄绿色（叶脉仍为绿色），严重时呈黄色至乳白色，叶脉也失绿呈黄色，叶片出现棕褐色枯斑或枯边，逐渐枯死脱落。土壤 pH 高、高重碳酸盐和高磷等都影响铁的吸收，引起缺铁。

（九）锌（Zn）

锌是许多酶的组成成分，是碳酸酐酶的成分，促进碳酸分解过程，与光合作用和呼吸作用以及碳水化合物的合成、运转等过程有关，也是维生素 C 的活化剂和调节剂，还是形成生长素前身——色氨酶的重要物质，参与生长素的形成。缺锌，生长素少，枝叶、果实停止生长和萎缩，果小、畸形，枝条下部叶片常有斑纹或部分黄化，新梢顶部叶片狭小，节间短，小叶密集丛生，质厚而脆，发生所谓的“小叶病”。

（十）锰（Mn）

锰是酶的活化剂，对作物光合、呼吸及硝酸还原作用都有密切关系，还参与叶绿素的合成，可提高维生素 C 的含量，促进果树生理活动的正常进行。在代谢中通过酶的反应保持体内氧化还原电位平衡。缺锰，叶绿素合成受损，叶脉间失绿，叶上有斑点，但幼叶可保持绿色。土壤施石灰或施铵态氮都会减少锰的吸收量。在树体中锰多则铁少，铁多又会缺锰。

（十一）铜（Cu）

铜是植物体内各种氧化酶活化基的核心元素，在催化植物体内氧化还原反应方面起着重要作用。能促进叶绿素的形成和参与蛋白质的合成，增强果树呼吸作用，防止叶绿素的过早破坏，提高果树对真菌的抵抗力。缺铜时影响蛋白质的合成，以及核糖核酸和脱氧核糖核酸的合成，叶片黄化。铜与锌有拮抗作用。

（十二）硫（S）

硫是构成作物蛋白质不可缺少的成分之一，也存在于作物体内很多复杂的有机酸中，并能调节作物体内氧化还原作用。

（十三）钼（Mo）

钼是植物体内硝酸还原酶的成分，参与硝态氮的还原过程。

（十四）钴（Co）

钴与植物体内某些酶的活性有关，能防止吲哚乙酸被破坏，与促进细胞生长有关。钴对花粉的萌发、生长和呼吸有显著促进作用。

（十五）氯（Cl）

氯在叶绿体内光合反应中起着不可缺少的辅助酶作用。在细胞遭破坏，正常叶绿体光合作用受到影响时，能使叶绿体的光合反应活化。

三、肥料种类

果树所需肥料包含有机肥和化学肥料。

（一）有机肥料

有机肥主要来源于植物和动物，施于土壤以提供植物营养为主要功能的含碳物料。有机肥可增加和更新土壤有机质，肥效长，不仅能为农作物提供全面营养，促进植物生长，增加产量，提高品质，而且能改善土壤的理化性质和生物活性，促进微生物繁殖及土壤生态系统循环，是绿色食品生产的主要养分。有机肥有农家肥和商品肥料。

1. 农家肥

农家肥包括堆肥、沤肥、厩肥、沼气肥、作物秸秆肥、泥炭肥、饼肥等。

2. 商品肥料

主要有商品有机肥、矿源黄腐酸、生化黄腐酸、微生物肥等。

（二）化学肥料

化学肥料，简称化肥，也称无机肥料，是用化学或物理方法制成的含有一种或几种农作物生长需要的营养元素的肥料。它们具有以下共同的特点：成分单纯，养分含量高；肥效快，肥劲猛；某些肥料有酸碱反应；一般不含有机质，无改土培肥的作用。只含有一种可标明含量的营养元素的化肥称为单元肥料，如氮肥、磷肥、钾肥以及次要常量元素肥料和微量元素肥料；含有氮、磷、钾 3 种营养元素中的 2 种或 3 种且可标明其含量的化肥，称为复合肥料或混合肥料。根据植物对化学肥料的需求，化学肥料分为：氮肥、磷肥和钾肥等大量元素肥；钙肥、镁肥和硫肥等中量元素肥；铜、铁、锰、锌、硼、钼等微量元素肥。

近年来，由于化肥的过量施用，造成的环境污染，主要表现在 3 个方面：

（1）重金属和有毒元素有所增加。从化肥的原料开采到加工生产，总是给化肥带进一些重金属元素或有毒物质，长期施用化肥还会造成土壤中重金属元素富集，直接危害人体健康，产生污染的重金属主要有镉 (Cd)、铬（Cr）、铅（Pb）、汞（Hg）、砷（As）、钴（Co）、铜（Cu）和锌（Zn）。比如长期施用硝酸铵、磷酸铵、复合肥可使土壤中砷（As）的含量达 50 ～ 60 mg/kg，同时，随着进入土壤镉 (Cd) 的增加，土壤中有效镉 (Cd) 含量也会增加，作物吸收的镉 (Cd) 量也增加。

（2）微生物活性降低，物质难以转化及降解。土壤微生物是个体小而能量大的活体，它们既是土壤有机质转化的执行者，又是植物营养元素的活性库，具有转化有机质、分解矿物和降解有毒物质的作用。中国科学院南京土壤研究所的试验表明，施用不同的肥料对微生物的活性有很大的影响，土壤微生物数量、活性大小的顺序为：有机肥配施无机肥 > 单施有机肥 > 单施无机肥。目前，软籽石榴以氮肥、磷肥和钾肥等化肥为主，有机肥的施用量低，这会降低土壤微生物的数量和活性。

（3）酸化加剧，pH 变化太大：长期施用化肥加速土壤酸化。一方面与氮肥在土壤中的硝化作用产生硝酸盐的过程相关。首先是铵转变成亚硝酸盐，然后亚硝酸盐再转变成硝酸盐，形成 H^+，导致土壤酸化。另一方面，一些生理酸性肥料，比如磷酸钙、硫酸铵、氯化铵在植物吸收肥料中的养分离子后，土壤中 H^+ 增多，许多耕地土壤的酸化与生理性肥料长期施用有关。此外，氮肥在通气不良的条件下，可进行反硝化作用，以 NH_3、N_2 的形式进入大气，大气中的 NH_3、N_2 可经过氧化与水解作用转化成 HNO_3，降落到土壤中引起土壤酸化。土壤酸化后可加速 Ca、Mg 从耕作层淋溶，从而降低盐基饱和度和土壤肥力。

四、需肥特点

在软籽石榴树生长的年周期中，不同的物候期其生长发育的中心不同，因而对养分种类和数量的需求也不相同。

（一）春季

春季是软籽石榴树体活动的重要时期，根系开始活动、萌芽、展叶、抽枝、花芽分化、现蕾等。春季的生长发育中心是以营养生长为主体的，应以氮肥为主。在生长初期，主要是消耗上年贮藏营养，为保证营养供给的连续性，这次施肥应尽可能早施，以萌芽前追施为佳。在种类上以速效氮为主。

（二）夏季

夏季施肥的意义十分重大，软籽石榴树进行着开花、坐果、果实发育和花芽分化等生命活动。这一阶段的中心是生殖生长，一是要保证开花和坐果；二是供幼果发育；三是为该段后期的花芽分化打好基础。在需肥特点上，在春季良好的营养生长基础上，氮、磷、钾和中微量元素等配合使用。在氮的使用量上，应因树而定，灵活掌握，强树不施，中庸树适当施，弱树应多施。对中庸树，氮、磷、钾的用量一般控制在 1 ∶ 0.5 ∶ 1。按一般速效肥被作物吸收利用的时间（7 ～ 10 天），应尽可能在始花期以前施用。

（三）秋季

果实已近成熟，花芽分化还在继续，树体营养消耗很大。秋季施肥在采果前以钾肥为主，以促果膨大，增加色泽和含糖量；采后以施基肥为主，同时配合深翻，基肥以有机肥为主，可混施少量速效氮。秋季光照充足、温度适宜、昼夜温差大，有利于营养物质的积累，所以应配合秋季修剪等措施，增强光合效率，积累营养，促使树体充实健壮，保证安全越冬，为翌年的高产打好基础。

（四）冬季

对秋季未来得及施肥的果园，配合冬季修剪、深翻和病虫害防治，施入有机肥，可混施少量速效氮。

五、施肥量的确定

施肥是软籽石榴生产管理中一个复杂的问题，涉及面很广，如土壤中营养元素的含量，植物的吸收量，植物对各种营养元素的利用率，各种元素的平衡以及土壤吸附和肥料的流失等因素。土壤中一般都含有足够的各种营养元素，但有些处于被固定状态，而不能被植物吸收利用，因此软籽石榴果园的施肥问题是通过土壤改良增加土壤中可吸收营养元素和补给土壤中的不足部分。所以施肥量在理论上的计算方法是：以软籽石榴树从土壤中吸收的肥料成分量，土壤中天然存在的可给态成分和由于降雨和其他原因增加的成分量（即天然供给量），肥料吸收率（即施用的肥料除去侵蚀流失、地下渗透或挥发等量，石榴实际上可吸收的百分数）。三者关系可以用下式表示：

施肥量 =（软籽石榴树吸收的量－天然供给量）/ 肥料吸收率。

对于多年生的软籽石榴树这个公式计算起来非常复杂，它每年不仅要形成新的枝叶花果，而且原有植物体也在增长，这就必须有多年的分析数据（包括土壤分析和枝叶等分析），要形成一套能直接用于石榴生产的计算数据，而且各个地方的土壤和气候条件都不一样。因此，这项工作很复杂，目前还没有形成这些数据。

根据果农经验，要获得石榴高产稳产，需施入有机肥和化肥，有机肥可以一年一施或两年一施，每生产 1000 kg 果实需要施入商品有机肥 300 ～ 500 kg 或农家肥 700 ～ 1000 kg，大量元素肥（含氮磷钾等）15 ～ 25 kg，中微量元素肥（含钙镁硼铁锰锌等）2 ～ 4 kg。

软籽石榴树的施肥和其他果树一样，分为基肥和追肥。基肥一般施用有机肥，常用的有机肥有农家肥和商品有机肥。由于这些肥料含有各种营养元素，故称为完全肥料。追肥多用化肥，包括大量元素肥和中微量元素肥。

六、施肥时期与施肥量

（一）幼树（1 ～ 2 年）

软籽石榴幼树是指定植后到结果前的树，通常 1 ～ 2 年。肥料主要满足枝条和叶片生长。在施足有机肥的基础上，化学肥料应把握“以氮肥为主，磷钾结合，配合中微量肥，少量多次”的施肥原则。

1. 施肥时期

基肥：10 ～ 11 月施入，以有机肥为主，同时施入全年用量的 10% ～ 20% 化肥。

追肥：4 ～ 10 月施入，主要施化肥，采取少量多次施入，有条件的采取水肥一体化技术，无条件的采取开浅沟施，深度 5 ～ 10 cm。

2. 施肥量

随着树龄的增长，逐年增加施肥量。

有机肥：每年每亩施商品有机肥 300 ～ 500 kg 或农家肥 700 ～ 1000 kg。

化肥：每年每亩施大量元素肥纯氮（N）6 ～ 12 kg、纯磷（P_2O_5）2 ～ 4 kg、纯钾（K_2O）2 ～ 4 kg，中量元素肥钙（Ca）0.4 ～ 0.8 kg、镁 (Mg) 0.1 ～ 0.2 kg、硫（S）1 ～ 2 kg，微量元素肥（硼、铜、铁、锰、锌、钼等）0.3 ～ 0.5 kg。

施肥时，根据市场销售肥料的含量测算施肥量，如根据永胜县程海镇农户经验，根据树龄大小，每亩每年施大量元素肥（N ：P_2O_5 ：K_2O ：S=30 ：10 ：10 ：5）20 ～ 40 kg，中量元素肥（钙 15%、镁 3%）等 3 ～ 5 kg，微量元素肥（硼铜铁锰锌等）0.5 ～ 1 kg。

（二）结果树（3年及以上）

软籽石榴结果树是指达到结果条件可以结果的树，通常3年及3年以上。肥料不仅要满足枝条和叶片生长，还要满足果实生长，提高果实品质。在施足有机肥的基础上，化学肥料应把握“氮磷钾结合，配合中微量肥，少量多次；芽前氮磷肥、坐果后氮磷钾平衡肥，采果前高钾肥”的施肥原则。

1. 施肥时期

（1）基肥：11月底前施入，以有机肥为主，同时施入全年用量的10%～20%化肥。

（2）追肥：4～10月施入，主要施化肥，采取少量多次施入，有条件的采取水肥一体化技术，无条件的采取开浅沟施，深度5～10 cm。

①秋基肥：11月份随有机肥一起施，以磷钾肥为主，占全年化肥用量的20%左右。

②芽前肥：2月份施，一次性施入，以速效高磷肥为主，占全年总化肥用量的10%左右。

③稳果肥：4月中旬至5月底生理落果结束时开始施，分2～4次施入，以平衡肥和钙肥为主，占全年总化肥用量的60%左右。

④膨果肥：6月底至7月初施入，即采果前1个月施，一次性施入，以高钾肥为主，占全年总化肥用量的10%左右。

2. 施肥量

（1）有机肥：按每生产1000 kg果实施入300～500 kg商品有机肥或农家肥700～1000 kg。

（2）化肥：按每生产1000 kg果实施入大量元素肥纯氮（N）1.7～3 kg、纯磷（P_2O_5）3～5 kg、纯钾（K_2O）3.5～5.5 kg，中量元素肥钙（Ca）0.2～0.5 kg、镁(Mg)0.04～0.1 kg、硫（S）1～1.5 kg，微量元素肥（硼、铜、铁、锰、锌、钼等）0.3～0.5 kg。

施肥时，根据市场销售肥料的含量测算施肥量，如根据永胜县程海镇农户经验，预计每亩年产量3000 kg，则每亩每年施大量元素肥（N、P_2O_5、K_2O、S等含量大于45%）50～65 kg，中量元素肥（钙15%、镁3%）等5～10 kg，微量元素肥（硼、铜、铁、锰、锌等）1～1.5 kg。

第三节　水分管理

一、水分管理的重要性

在金沙江干热河谷区软籽石榴栽植区域，雨热同季、干湿两季分明。一般 11 月至次年 5 月为旱季，降雨量不足全年降雨量的 20%；6 ～ 10 月为雨季，降雨量占全年降雨量的 80% 以上。软籽石榴树耐旱不耐涝，旱季的春末夏初，营养生长和生殖生长同时进行，需水量较多，应适时灌水以满足生长需求。雨季要做好排水，地表若长时间积水（2 ～ 3 天），根系生长和生理活动就会受阻，造成黄叶、落叶、落花、落果，容易引起根腐病，以至死亡。

二、水源种类与灌水量

（一）水源种类

灌溉水是指用于灌溉的地表水、地下水和经过处理并达到利用标准的污水的总称。天然水资源中可用于灌溉的水体有地表水和地下水两种。地表水包括河川径流、湖泊和汇流过程中拦蓄的地表径流。地下水有浅层地下水和深层地下水。

（二）灌水量

灌水量以渗入土壤 40 ～ 50 cm 为宜。灌水过多，则浪费用水，还会造成土壤养分下渗流失；灌水过少，则不能满足软籽石榴生长结果的需要。

三、灌水时期

根据不同海拔地区物候期的不同确定灌水时间，适时浇水。正确的灌水时期是根据软籽石榴树生长发育各阶段需水情况，参照土壤含水量、天气情况以及树体生长状态综合确定。依据软籽石榴树的生理特征和需水特点，结果树要控制好 5 个时期的水分：

（一）萌芽水

促使萌芽整齐，花蕾正常发育。

（二）花前水

为开花坐果做好准备，以提高结果率。

（三）花期水

花期要重点控制好水分，能不浇水尽量不要浇水。若花期出现叶片因缺水黄化脱落现象，可根据土壤湿度适时少量浇水，防止水分过多造成徒长引起落花落果。

（四）花后水

盛花期后果实迅速发育，加上天气转暖，需水量较大，此期要保证水分充足。

（五）催果水

盛花后幼果坐稳并开始发育时至果实采收完毕，此期果实正处于迅速膨大期和收获期。前期正值盛夏来临，枝叶果蒸腾旺盛，要保证水分充足；后期视雨量情况灌水，若遇连续的干旱天气，也要及时灌水，保证果实正常膨大，防止裂果。

四、防涝排水

软籽石榴树怕涝，在雨季要注意排水防涝工作。平地、低洼地果园最好采用高畦栽培。在雨季，对低洼和土壤黏重或杂草多的园地，应当在雨季来临前清理排水沟，清除杂草，畅通排水。山地果园遇大暴雨，冲垮梯田，要做好水土保持工作，做到能蓄能排。

第四节　水肥一体化技术

水肥一体化技术是灌溉与施肥融为一体的节本增效农业新技术。水肥一体化是根据土壤养分含量和作物需肥规律和特点，将可溶性肥料配兑成肥料母液与灌溉水一起，借助压力系统或地形自然落差，通过管道系统供水供肥。水肥一体化技术具有水肥均匀、定时、定量、定点的特点，通过浸润作物根系生长区域，使主要根系土壤始终保持疏松和适宜的含水量，同时可根据不同作物的需肥特点、土壤环境和养分含量状况、作物不同生长期需水需肥规律等情况进行不同生育期的需求设计，把水分养分定时定量供给作物。

一、适宜范围

该项技术适合有井、水库、蓄水池等固定水源，且水质好、符合滴灌或微喷要求，并有条件建设滴灌或微喷设施的区域推广 应用。

二、运用成效

这项技术的优点概括起来是节水省肥、水肥均衡、省工省力、控温调湿、节本增效。由于水肥一体化技术通过人为定量调控，满足作物在关键生育期的需要，在生产上可达到作物的产量和品质均良好的目标。

（一）节水省肥

滴灌水肥一体化可以按照作物需肥规律施肥实现少量多次施肥，以减少因挥发、淋洗而造成的肥料浪费，作物“细酌慢饮、吃饱喝足”，大幅度地提高肥料利用率，比传统撒施可减少 30% ～ 50% 的肥料用量，水量也只有漫灌的 30% ～ 40%。一般来说，土壤肥力水平越低，省肥效果越明显。

（二）水肥均衡

传统的浇水和追肥方式，作物饿几天再撑几天，不能均匀地“吃喝”。而采用水肥一体技术，可以根据作物需水需肥规律随时供给，保证作物“吃得舒服，喝得痛快”。

（三）省工省力

传统的沟灌、施肥费工费时，非常麻烦。而使用滴灌或微喷，只需打开阀门，合上电闸，省时省力。

（四）控温调湿

使用滴灌或微喷能控制浇水量，降低湿度，提高地温。传统沟灌会造成土壤板结、通透性差，作物根系处于缺氧状态，造成沤根现象，而使用滴灌或微喷则避免了因浇水过大而引起的作物沤根、黄叶等问题。

（五）节本增效

滴灌或微喷工程投资（包括管路、施肥池、动力设备等）为 700 ～ 1500 元 / 亩，过滤设备及埋土的主管道可以使用 10 年以上，采用国产 0.3 mm 厚的滴灌带根据水质可 2 ～ 5 年更换，采用以色列进口滴灌带可以 5 ～ 10 年更换，国产滴灌带每亩每次更换的材料成本仅为100元左右。微喷可以使用10年以上，其间遇到喷头堵塞的用柠檬酸清洗喷头即可。运用水肥一体化每亩每年可节约水肥400元左右、劳动力500元左右（5个工时）。

三、技术要点

水肥一体化是一项综合技术，涉及农田灌溉、作物栽培和土壤耕作等多方面，其主要技术要领须注意三方面。

（一）建立滴灌或微喷系统

1. 滴灌或微喷的选择

软籽石榴水肥一体采用滴灌或微喷要根据土壤质地来选择。土壤分为沙质土、黏质土、壤土等三类，沙质土具有含沙量多、颗粒粗糙、渗水速度快、保水性能差、通气性好等特点，宜选用微喷；黏质土具有含沙量少、颗粒细腻、渗水速度慢、保水性能好、通气性能差等特点，宜选用滴灌；壤土特点介于上述二者之间，可选用滴灌，也可选用微喷。

2. 管道系统和灌区的确定

要根据地形、栽植单元、土壤质地、作物栽植方式、水源特点等基本情况，设计管道系统的管径、长度、灌区面积等。

3. 滴灌带的布置

采用滴灌时，每行树使用2根滴灌带即可，滴头间距30～40 cm，滴灌带距离树主干30～40 cm。为达到首尾滴水均匀，带压力补偿的滴灌带铺设长度可达到100 m，普通滴灌带铺设长度不超过50 m。

4. 喷头数量的确定

采用微喷时，喷头数量根据株距的稀密程度确定，株距密的在两株树中间安装1个喷头，株距稀的每株树安装2个喷头。喷头孔径要根据支管大小和喷灌铺设长度科学确定，尽可能做到首尾喷水均匀。

（二）设计施肥系统

建设蓄水池和肥料池，设计好位置、容量、施肥管道、水泵和肥泵功率等。

（三）选择适宜肥料种类

可选择液态或固态肥料，固态以粉状或小块状为首选，要求水溶性强，含杂质少，如氮磷钾水溶复合肥、钙镁硼硅水溶液中微量元素肥、水溶腐殖酸等复合肥料，尿素、磷酸一铵、磷酸二铵、硫酸钾、氯化钾、硝酸钾、硝酸铵钙、硫酸镁等单质肥料；液体肥料如液体水溶肥、液体氮肥 UNA、液体氨基酸、液体腐殖酸等。

四、水肥一体操作

（一）肥料溶解

肥料需要与水充分搅拌溶解。几种肥料混合溶解前要注意防止肥料间的化学反应，避免产生沉淀。如含有钙离子（Ca^{2+}）的肥料不能与含有硫酸根离子（SO_4^{2-}）或磷酸根离子（PO_4^{3-}）的肥料混合溶解，因为会产生化学反应，出现沉淀。

（二）施肥量控制

施肥时要掌握肥料用量，过量施用会使作物致死以及环境污染。软籽石榴需肥量最大的时期是坐稳果到果实采收这一阶段，占化学肥料总量的 80%，每亩 40 ～ 60 kg，此期 100 天左右，按照每 7 ～ 15 天施肥一次，共施肥 7 ～ 14 次，每亩每次施 3 ～ 10 kg。

（三）灌水量控制

灌水量以渗入土壤 40 ～ 50 cm 为宜。灌水过多，则浪费用水，还会造成土壤养分下渗流失；灌水过少，则不能满足软籽石榴生长结果的需要。

（四）水肥一体程序

滴灌或微喷分三个阶段：第一阶段，用不含肥的清水湿润；第二阶段，施用肥料溶液；第三阶段，用不含肥的清水清洗灌溉系统。在雨季土壤不缺水的情况下施肥，一般控制在 30 min 内完成。

五、水肥一体技术方案

以永胜县程海镇为例，土质为黏质土，按株行距 2.5 m×3 m 栽植，每亩 90 株，4 年后进入丰产期期，预计亩产量 3000 kg，具体水肥一体技术方案如下。

（一）灌溉系统

由于土质是黏质土，采用滴灌，每行铺设两根滴头间距为30 ～ 40 cm 滴灌带，滴灌带距离树主干 30 ～ 40 cm。

（二）肥料用量

1. 有机肥

施商品有机肥 1000 ～ 1500 kg 或农家肥 2000 ～ 3000 kg。

图 6-2　果园使用水肥一体化技术

2. 化学肥料

化学肥料 50 ～ 75 kg。

（1）秋基肥（11 月份）：滴灌或微喷 1 次，亩施磷酸二氢钾（0-52-34）3 ～ 5 kg。

（2）芽前肥（2 月份）：滴灌或微喷 1 次，亩施高磷水溶肥 6 ～10 kg，如氮磷钾 7-50-12+TE。

（3）稳果肥（4 月中旬至 5 月底）：生理落果结束时开始施肥，滴灌或微喷 4 次，前 3 次，每亩每次施平衡肥 6 ～ 10 kg，如氮磷钾 20-20-20+S ＋ TE，15 天左右一次；第 4 次，每亩每次施钙镁中量肥 6 ～ 10 kg。

（4）膨果肥（6 月底至 7 月初）：滴灌或微喷 2 次，每亩 7 m^2 每次施高钾肥 6 ～ 10 kg，如氮磷钾 10-6-36+TE，15 天左右一次。

（三）水肥一体程序

做到根据软籽石榴各生育期适时灌水施肥。旱季根据季节变化每周灌水施肥 1 ～ 2 次，每次灌水 1 ～ 2 h，施肥时长 30 ～ 60 min。雨季若遇连续阴雨天气，为避免肥料随雨水流失，宜采用“少量多次”施肥方式，同时要控制好灌水量，灌水过多引起涝根和肥料流失。最好做到每周施肥 1 次，每次灌水控制在 1 h 以内，施肥时长 20 ～ 30 min。

第七章　整形修剪

整形修剪是软籽石榴栽培中的一项重要管理措施。整形是根据石榴树的生长结果习性、生长发育规律、土壤立地条件和栽培管理特点，通过修剪技术的合理应用，使树体骨架牢固、结构合理，为丰产优质打下良好基础，为经济利用空间、合理密植提供有利条件。而修剪是在整形的基础上，继续维护和培养丰产树形，调节生长和结果的关系，使幼年期的石榴树早实丰产，使进入盛果期的树连年高产稳产，使衰老树更新复壮，增加产量。因此，整形和修剪是两个不同的概念，但两者相互依存，难以分开。整形要通过修剪来进行，修剪要以整形为基础。软籽石榴树要进行合理的整形修剪，建立良好的树体结构，不同树龄、管理水平、自然条件都会对树体产生不同影响，树体生长也有差异。

第一节　修剪原则

软籽石榴树的整形修剪要遵循“因树整形，随枝修剪”的原则，做到长远设计，全面安排，本着“以轻为主，轻重结合”的方针，综合应用各种不同修剪方法，达到均衡树势、发育均衡，结构和框架布局合理、主从分明、枝组丰满等栽培目的，提高果园的生产效率和树体的经济寿命。石榴树的整形修剪，还要根据不同品种、不同树龄、不同树体轻重截疏，合理配置。修剪原则应是因时、因地、因树适疏少截，以轻为主，科学合理地进行。

一、品种特性

软籽石榴品种较多，不同品种生长势有别，有些品种成龄树生长稳健，徒长枝较少，而有些品种生长旺盛，徒长枝较多；同一品种在不同的生长发育时期生长特性也有差别，因此对幼树、成龄树、衰老树在修剪时要区别对待。

二、树形结构

软籽石榴树定植后，可根据品种特性、立地条件等选择合适的树形，根据栽植需要培养树形，配备好主枝。配备好主枝后利用空间合理选留结果枝组和结果枝，软籽石榴树萌芽力强、枝条柔软，因此在修剪过程中不适合短截，应顺其自然地进行修剪。

三、气候条件

不同地区的气候条件不一样，修剪时间、修剪方法也不同。在金沙江干热河谷地区，冬季低温时间相对较短，一年四季都可修剪，但一般以冬、夏季节进行修剪为主，在其余季节，根据软籽石榴树的生长状况按照通风透光的原则进行适时修剪。连续阴雨天气不能修剪。

四、树龄树势

树龄和树势不同，修剪方法也不同。幼树修剪应以快速形成良好树形、树冠为目标，常用修剪手段为疏枝和短截；结果盛期树形较稳定，修剪方法主要是对直立枝和过密枝进行疏除；对衰老期的树修剪以更新枝条为主，常用回缩方法。对树势强的要控制生长，可采用疏枝、拉枝、刻伤、扭枝等方法进行；对生长势弱的软籽石榴树要促进其生长，常采用回缩和短截等修剪手段。

第二节　修剪方法

一、疏剪

疏剪是将1年生枝或多年生枝条从基部剪除的方法。主要分为冬季疏剪和夏季疏剪。一般疏剪是为了控制过旺生长，疏除干枯枝、病枝、强旺枝、徒长枝、背上背下枝、衰弱下垂枝、密生交叉枝、并生枝、外围发育枝、过多的辅养枝等，其作用是减少养分消耗、集中养分促进树体生长，改善树冠光照条件，增强通风透光、提高光合效能，促进开花结果和提高果实品质。较重疏剪能削弱全树或局部枝条生长量，但疏剪果枝反而会加强全树或局部的生长量。

二、短截

短截又叫短剪，是剪去一年生枝梢的一部分，原则是“强枝轻剪，弱枝重剪”。短截主要在幼树修剪中使用。分为轻剪（剪去枝条的1/4 ～ 1/3）、中剪（剪去枝条的2/5 ～ 1/2）、重剪（剪去枝条的2/3）、极重剪（剪去枝条的3/4 ～ 4/5），极重剪对枝条刺激最重，剪后一般只发1 ～ 2个不太强的枝。短截促进局部分枝，具有增强和改变顶端优势的作用，有利于枝组的更新复壮和调节主枝间的平衡关系，能够增强生长势，降低生长量，增加功能枝叶数量，促进新梢和树体营养生长。但短截会使冠内枝条加密，短截过多会影响树体通风透光，新梢生长延迟，降低了树体的光合作用，对以顶花芽结果为主的树种，不利于花芽形成和结果，只适用于老弱树更新复壮和幼树整形。

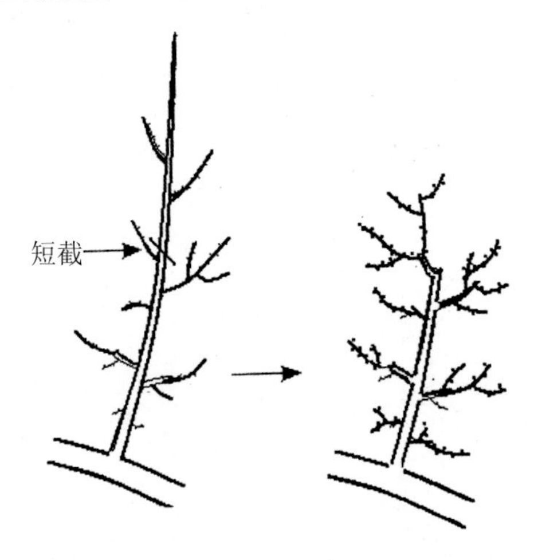

图7-1　短截枝条示意

三、缩剪

缩剪又叫回缩，是将多年生枝短截到适当的分支处，主要用于衰老树修剪。由于缩剪后根系暂时未动，所留枝芽获得的营养、水分较多，因而有促进生长势的明显效果，利于更新复壮树势，促进花芽分化和开花结果。对于全树，由于缩剪去掉了大量生长点和叶面积，光合产物总量下降，根系受到抑制而衰弱，使整体生长量降低。因此，每年对全树或枝组的缩剪程度，要依树势、树龄及枝条多少而定，做到逐年回缩，交替更新，使结果枝组紧靠骨干枝，结果牢固；使衰弱枝得到复壮，提高花芽质量和结果数量。每年缩剪时，只要回缩程度适当，留果适宜，一般不会发生长势过旺或过弱现象。

缩剪多用于骨干枝的换头，多年缓放枝枝组复壮，处理辅养枝等。在老树、弱树、弱枝上不是回缩越重越好，重回缩不但不能复壮，反而会削弱生长势。幼、旺树回缩重会在剪口附近发生徒长现象。为抑前促后，在剪、锯口下应留短枝、弱枝。为复壮枝势，则剪、锯口下应留强枝、向上枝，其前后粗度差异不宜太大。

四、长放

长放又叫缓放或甩放，即对一二年生枝不加修剪。长放具有缓和先端优势，增加短枝、叶丛枝数量的作用，对于缓和营养生长、增加枝芽内有机营养积累、促进花芽形成、增加正常花数量、促使幼树提早结果有良好的作用。长放要根据树势、枝势强弱进行，长势过旺的植株要全树缓放。由于石榴枝多直立生长，所以在进行缓放的操作时，为解决缓放后造成光照不良的弊端，要结合开张主枝角度、疏除无用过密枝条和撑、拉、吊、绑等措施，改变长放枝生长方向。

一般缓放一年生中庸枝易抽中、短枝，有利于成花结果；缓放长枝时应结合拉、扭、拿枝和环割等措施削弱枝势，可以促进花芽形成；幼旺树上利用先放后缩的办法，对培养枝组效果较好。

五、变向

变向就是改变枝条生长方向，调节枝条的生长和结果，在软籽石榴幼树整形修剪和旺盛生长的结果树上经常应用。

变向的手段很多，如幼树骨干枝角度小，可采用撑、拉、吊的办法；新梢或 1 年生枝条采用拿枝将枝条拗弯开张角度；延长枝利用里芽外蹬开张角度；背上直立枝拉平，以缓和生长势；背上枝换头开张角度等。拉枝用麻绳、草绳等物绑上木桩埋入地下，上端拴上木钩，将被拉的骨干枝拉开一定角度，经过 1 个季节生长，待角度固定时，再解除拉绳。撑枝是用冬季剪下的无用枝将枝条撑开，当角度固定时，再除去支棍。活支柱利用植株上无用的辅养枝作支棍，将枝条撑开。连三锯是当骨干枝木质太硬或角度过小而粗度较大时，其他方法不能支开角度，迫不得已采用连三锯的方法。其做法是在被撑骨干枝基部一定距离内（角度变化大的地方），连锯三个锯口，深达木质部的1/3，再用撑、拉办法将角度撑开。背上枝换头是骨干枝过于直立和过密，选较开张的大枝做头，疏除直立、过密枝。里芽外蹬是为改变骨干枝延长枝的方向，使其角度开张，具体操作是在冬季修剪骨干枝的延长枝时，剪口下特意留里芽，第2年抽枝后再行修剪，将里芽的第1枝去掉，选留第2枝（外芽）作延长头。对于软籽石榴枝条的变向方法还有很多，应视枝条的生长情况采取具体办法。

图 7-2　石榴树拉枝变向

六、造伤调节

造伤调节是对旺树、旺枝采用拿枝软化等措施制造伤口，使枝条木质部、韧皮部暂时受伤，抑制过旺的营养生长，缓和树势、枝势，有促进花芽形成和提高产量的作用，等到伤口愈合后又恢复正常生长。

（一）扭梢（枝）、拿枝（梢）

扭梢就是将旺梢向下扭曲或将基部旋转扭伤，既扭伤木质部和皮层，又改变枝梢方向。拿枝就是用手对旺梢自基部到顶部捋一捋，伤及木质部，响而不折。这些措施都可以阻碍养分运输，缓和生长，增加萌芽率，促进中短枝和花芽形成，提高坐果率和促进营养生长。

（二）断根

断根可结合施秋肥进行。秋季采收后，在树冠相对的两侧挖长 2 ～ 3 m（成年树可稍长）、深 40 ～ 80 cm 深的沟，沟的宽度以切断根系为准。树势旺的可将沟挖深一些，山地或树势弱的沟可挖浅一些，并在开挖的过程中断根。断根后在沟内每株施入绿肥鲜草 25 kg、尿素 0.35 kg、过磷酸钙 1 kg，再将人畜粪 40 kg 兑水施入沟内，最后覆土填平。在第二年 6 月或 8 月，在树冠相对的另外两侧，按同样的方法断根。

（三）摘心

生长季节摘除新梢先端嫩梢。主要在新梢旺盛生长到长度为 30 cm 左右时进行，摘除新梢先端嫩梢可节省大量养分，充实枝组成花，促生二、三次枝形成枝组，填补空缺。

（四）抹芽、除萌

抹芽是在生长季节的疏枝，主要是抹去主干、主枝上的剪锯口及其他部位无用的萌枝。除萌即挖除剪断主干根际萌蘖。抹芽、除萌蘖可以改变树冠内通风透光条件，减少养分和水分的无效消耗，有利于塑造树形和促进开花结果，是软籽石榴生产中重要而繁重的工作。在整个生长季节随时都要进行，但以春夏季节抹芽挖根蘖、夏秋季剪萌枝效果最好。

（五）摘叶转果

成熟期摘叶，可增加果实着色。摘叶是在枝条和叶片密闭或有套袋果时分 2 次进行，第 1 次在 8 月底，首先摘除贴果叶片和果台枝基部叶片，适当摘除果实周围 5 ～ 10 cm 范围内枝梢基部的遮光叶片；第 2 次在采前 7 ～ 10 天，摘除部分中长枝下部叶片。摘叶量一般控制在占总叶量的 20% 左右，在除袋 1 周（7 ～ 10 天）后进行，果实的向阳面充分着色后把果实背阴面转向阳面，有条件的可用透明胶带固定，促使果实背阴面着色，采前一般转果 3 次。

第三节　主要树形

软籽石榴的栽培树形常见的有单干型、双干型、多主干开心型、纺锤形等。

一、主干疏层型

（一）树形特点

每株树只留一个主干，定干高度 60 ～ 100 cm，在中心主干上按方位分层留 7 ～ 9 个主枝，主枝与中心主干夹角 65° ～ 85°，向四周均匀分布，第一层留 3 ～ 4 枝主枝，第二层留 2 ～ 3 枝主枝，主枝与主枝之间间隔 15 ～ 20 cm，顶端留 1 个中央领导干或留 2 枝开心，树高控制在 2.5 ～ 3 m，以方便套袋等管理。主枝上直接着生结果母枝和结果枝。该树形枝级数少，层次明显，通风透光好，适合密植栽培；但枝量少，成形慢，后期更新难度大。

（二）整形方法

1. 栽植第一年

幼树以营养生长为主，扩大树冠，培育 3 ～ 4 个主枝，确立中央领导干。栽植后于 60 ～ 100 cm 处截梢定干，从 5 月下旬之后到 11 月，剪除根部萌生萌条，在树干上 60 cm 以下的枝条要全部剪除干净。选择一个直立向上生长旺盛的枝条作为中央领导干，在中央领导干 60 cm 以上选择方位好、间距适合的 3 ～ 4 枝培养为第一层主枝，主枝与主枝之间间隔 15 ～ 20 cm，主枝与中心主干夹角 65° ～ 85°，主枝开张角度不够的拉枝开张角度，主枝枝端下垂的，用竹竿扶持绑直，注意扶直扶强中央领导干。在中央领导干上距离第一层 80 cm 以上选择方位好、间距适合的 2 ～ 3 枝培养为第二层主枝，主枝与主枝之间间隔 8 ～ 10 cm，主枝与中心主干夹角 75° ～ 85° ，主枝开张角度不够的拉枝开张角度，继续扶直扶强中央领导干。

2．栽植第二年

第二年冬剪时在第二次剪口下第一枝留作中心主干，以下再选留 2 ～ 3 个枝作为第二层主枝，在中央领导干上距离第二层 60 cm 以上培养方位适宜的 2 枝作为第三层主枝，第三层主枝开心，不再留中央领导干。

第二和第三层主枝上生长的侧枝每隔 15 ～ 20 cm 选择生长角度好的枝条培养成结果枝组，剪除根蘖、徒长枝、背上直立枝、下垂枝、交叉枝、过密枝，抹除层间中央领导干的萌发芽，减少养分消耗。通过 2 年的整形修剪，保持中心主干和各级主侧枝的生长势外，要多疏旺盛枝，留中庸结果母枝；根际处的萌蘖，结合夏季抹芽、冬季修剪一律疏除。主干分层型树形基本成形。树体整体要保持上小下大，以利通风透光。

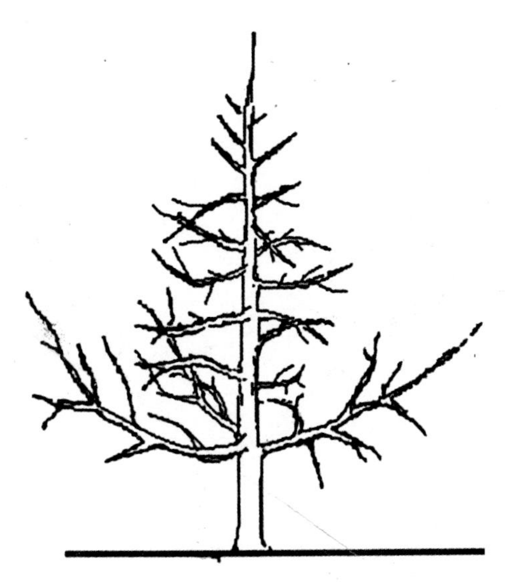

图 7-3 主干疏层型树形

二、双干开心型

（一）树形特点

双主干树形是典型的“V”字形树形，每株留 2 个主干，每主干上按方位分层各留 3 ～ 5 个主枝，主枝与主干夹角 45° ～ 50° 。这种树形的软籽石榴树的树冠较矮小，骨干枝少，总体枝量较单干多，通风透光好，适宜密植栽培，后期能分年度更新复壮。

（二）整形方法

石榴苗定植后，选留两个壮枝分别于 70 cm 处短截“定干”，两主干间夹角 80° ～ 100° ，枝条开展方向与树行平行或垂直，萌芽后仅保留树干顶部 30 cm 整形带内的萌芽，每主枝按方位分层分别配备 3 ～ 5 个侧枝，主枝与主干夹角 45° ～ 50° ，其余枝条一律疏除。新梢长至 20 cm 时，将 2 根长度在 2.5 m 的竹竿紧贴树干插入地下，进行拉枝，将 2 个主干拉成“V”字形，把树干最顶端的新梢绑缚在竹竿上，促其直立生长，保持顶端优势。其余新梢全部保留 4 ～ 6 cm 重截，以集中养分促进主干延长枝加快生长。主干上再次萌发的新梢，长至 20 cm 时拿枝，使其保持水平生长状态。第二、三年的整形修剪，均同单干树形。当树高可达 2.0 m，地面直径可达 3.0 cm，树形完全形成。

图 7-4　双干开心型树形

三、主枝开心型

（一）树形特点

三主枝开心型是永胜县软籽石榴产业发展初期常采用的树形。软籽石榴树无主干，在多个主枝上，每株留 3 个主枝，主干高度 50 cm 左右，每个主枝上按方位留 3 ～ 5 个枝，主枝与主干夹角 45° ～ 50° ，每个主枝上分别配备 3 ～ 4 个侧枝。树高控制在 3.5 ～ 4 m，适合正常密度株行距为 3 m×4 m 的栽培方式。

三主枝树形软籽石榴树的树形优点是枝量多于单干和双干，树冠较大，结果枝组数量多，成形快，单株产量高，后期易分年度更新复壮树体。其缺点是光照条件较差，萌蘖多，容易郁蔽，管理不太方便。

图 7-5　三主枝开心型树形

（二）整形方法

苗木定植后，于 60 ～ 70 cm 定干，萌芽后选择不同角度的三枝作为主枝培养，第一主枝距地面 50 cm 左右，主枝间距 15 ～ 20 cm，主枝用棍棒绑扎，主枝与主干夹角 45° ～ 50° 。主枝长至 1.5 m 时短截修剪，剪口下留 3 ～ 4 个侧枝，在距主干 50 ～ 60 cm 处选配第一主枝，第二主枝距第一侧枝 15 ～ 20 cm，第三主枝距第二主枝 15 ～ 20 cm，其余的枝条均疏除。侧枝错落均匀分配于主枝两侧，每20 cm留1个侧枝。侧枝长至40 cm时短截修剪，剪口下留5～8枝培养成结果枝组。对根际所发生的萌蘖枝和多余密植全部疏除。

四、纺锤形

（一）树形特点

纺锤形适合定植的株行距为3 m×2 m，树高2.5 m左右，主干高80～100 cm，无明显主枝，即主枝上不培养侧枝，直接着生结果枝组，最下部培养大枝组，上部培养中小枝组，全树呈下大上小，下宽上窄，下粗上细的纺锤形，以短果枝和中小枝组结果为主。

（二）整形方法

定植后在80 cm左右的高度截梢定干，定干后自下而上依次螺旋状均匀排列12～18个水平生长、长度在80～120 cm的结果枝组。其中，中下部培养枝组长度在100～120 cm的大枝组、中部枝组长度在80～100 cm、上部培养枝组长度在80 cm以内的中小枝组，各主枝间距20～30 cm，全树呈下大上小，下宽上窄，下粗上细的纺锤形，以短果枝和中小枝组结果为主。

主干留顶上长，为留二三层枝打好基础。进入盛果期后，石榴树基本定型，高度达到3 m左右，留枝三层为宜，生长过程中，要剪去背上和背下枝，减少养分消耗，保持良好通风透光。纺锤形的优点是骨干枝少，通风透光，培养和更新枝组方便。对各大型结果枝组之间的交叉枝、直立枝等，应及早从基部疏除。因幼树发育枝生长不定性强，要注意开角拉枝，对各大型结果枝组之间的交叉枝、直立枝等，

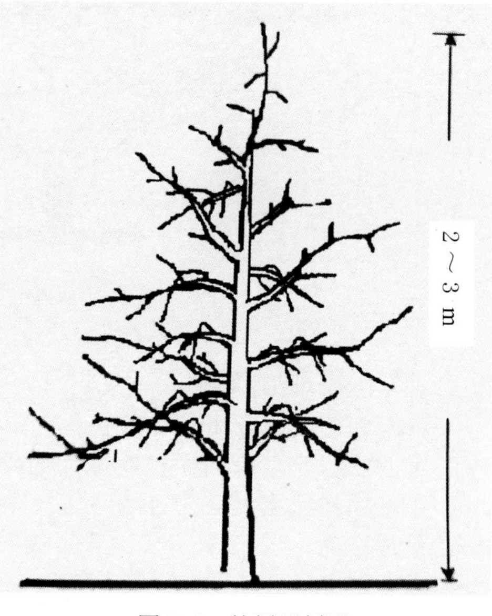

图7-6　纺锤形树形

应及早从基部疏除。

第四节　修剪时期

果树的修剪，就是应用剪枝、扭梢、摘心等技术措施，调节树体养分、水分的运转和分配，改善光照条件，调节营养器官和生殖器官间的数量、质量、性质和分布，以平衡营养生长与生殖生长之间的关系，达到高产、优质、低耗、高效的栽培目的。但是由于不同生育时期的石榴树整形与修剪的要求不同，所以应该依树而定。在金沙江干热河谷地区，温度高，植株生长快，整形修剪一年四季都可进行，主要分为生长期夏季修剪和休眠期冬季修剪。

一、夏季修剪

石榴的芽有早熟性，年生长量大，幼旺树易抽生二、三次枝，树冠很容易郁闭，通风透光不良。夏季主要通过抹芽、疏剪，以调整生长势，解决树冠通风透光问题。其作用是抑制树体旺长，改善树冠光照，促进分枝、成花和枝组的形成。利用夏季修剪，促使树冠迅速扩大，加快树体形成，缓和树势，改善光照条件，提早结果，减少营养消耗，提高光合效率。达到疏枝后树冠下的光斑（日影）均匀分布于地面上，光斑面积占树冠投影面积的 10% ～ 15% 为宜。

（一）修剪时期

夏季修剪时期为整个生长期，此时处于石榴旺盛生长阶段和营养物质转化时期，石榴树往往会萌发许多二、三次新梢，使树冠枝条密集，造成通风透光不良，果实增大慢、着色不良，也影响内膛叶丛枝和短枝形成花芽。夏季修剪只适宜在生长健壮的旺树、幼树上，适期、适量进行，同时要加强综合管理，才能达到早期丰产、高产、优质的效果。在金沙江干热河谷地区，夏季可能出现连续多雨的情况，所以要根据当年气候状况进行修剪时期的选择。修剪方法是抹芽和剪除密生、徒长、有病虫的枝条，使树冠呈“三密三稀”状态。

（二）修剪技术要点

1. 生长期抹芽

此期石榴树生长旺盛，修剪的主要任务是进行多次抹芽，抹除

不需要的萌发芽。

2. 疏枝

疏去主干和主枝上下的萌蘖，疏除二、三次枝、过多细弱枝，密生的嫩枝、徒长枝、病虫枝，旺密枝。

3. 主枝开张角度和变向

主枝生长直立，主枝间距和方向达不到要求时，采用撑、拉、压等措施开张骨干枝角度、改变枝向，多采用木棍撑开或用铁丝、绳索拉开（用木桩固定在地上）。

二、冬季修剪

（一）修剪时期

冬季修剪主要在每年的 12 月至次年 1 月初进行。

（二）技术要点

冬季修剪按照“三稀三密”原则进行，即大枝稀小枝密、上部稀下部密、外围稀内膛密。最终达到树冠上稀下密、外稀内密、大枝稀小枝密。软籽石榴萌发力强、萌生枝多，冬季修剪中宜轻剪缓放，宜多疏剪。

冬季修剪以落叶后至萌芽前的休眠期进行为宜，冬季修剪以培养结果枝组、调整树体结构、使结果枝和营养枝比例适当，选配各级骨干枝，调整安排各类结果母枝为主要任务。冬季修剪在无叶条件下进行，不会影响当时的光

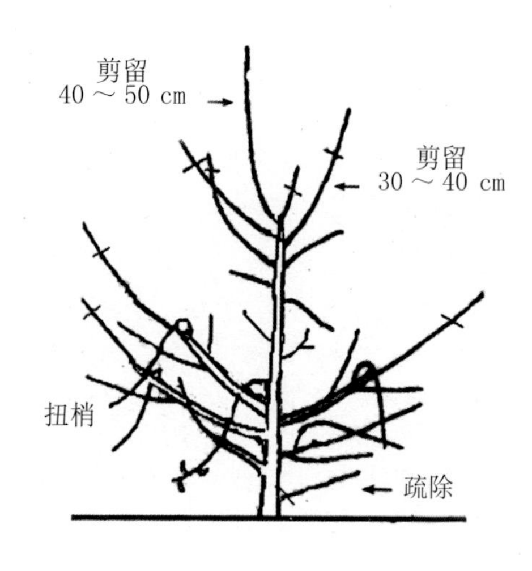

图 7-7　冬季修剪示意

合作用，但会影响根系输送营养物质和激素。冬季修剪主要任务是疏剪、短剪、缩剪、长放。疏剪和短截，都不同程度减少了全树的枝条和芽量，使养分集中保留于枝和芽内，打破了地上枝干与地下根的平衡，从而充实了根系、枝干、枝条和芽体。由于冬季管理不动根系，所以增大了根冠比，具有促进地上部生长的作用。

第五节　不同类型枝条的培养与修剪

一、结果枝组的培养

（一）大型结果枝组

主枝上具有多个分枝，一般在16个以上，枝长30～50 cm，是由几个中小型枝组着生在1个主轴上形成的结果枝组。进行枝组培养：首先可以对长势过旺、密集的辅养枝采取缩剪的方式改造，使其形成大型结果枝组；其次是将空间占比较大、生长旺盛的中型枝组先端枝短截，促进顶端分枝，增加枝条数量，逐渐扩大发展为大型枝组；最后还可以通过对直立、徒长枝经扭枝或“马耳斜”剪口重截，形成紧凑型侧枝组。

（二）中型结果枝组

主轴常具2～3个分枝，轴长30 cm左右，分枝6～15个。枝组的培养可以通过，对空间较大的小型枝组，多次短截带头枝，促进延长和分枝；对长势较弱的大型结果枝组，缩剪改造；将侧生的中庸枝条，采用“先放后缩法”或“先截后放法”，使其连续分枝、结果，逐渐培养而成。中型结果枝组坐果率高，是主要的结果枝类型，在实际操作中应采用多种方法，培养更多健壮的结果枝组，保证其产量。

（三）小型结果枝组

主轴是单独的一个健壮的大枝，轴长15 cm左右，具有2～5个小分枝，这类小枝组容易形成花芽，开花坐果早，是早产丰产的主要枝组。枝组的培养可以通过，将结果后的短果枝，经过修剪辅助，连续分生果台枝形成；或适当缩剪结果后的中长果枝，保留枝条基部的短果枝或生长枝，形成小型枝组。还可以通过缓放、缩剪的方式，改造弱势营养枝，促生小分枝；缩剪部分衰弱、密集的中型结果枝组也可以形成小型结果枝组。

二、不同类型枝条修剪

软籽石榴树主干不明显，分支较多，枝条向性生长明显，长短不一，各类型枝条间的萌芽力、成枝力有较大的差别。为培养良好树形，促进果园高产稳产，需针对不同枝条的特性，进行有针对性的修剪。

（一）大枝的处理

软籽石榴的大枝是支撑整个树冠的骨架，要维持良好的树形结构，必须采取科学合理的方式对大枝进行整形修剪，合理配置不同枝条的比例。大枝长度和茎干粗度均大于其他枝条，修剪应参照按上稀下密、外稀内密、大枝稀小枝密的原则进行。侧枝与中心干的间距要保持 15 ～ 20 cm 的距离。主侧枝间距小时，采用疏大枝或拉开大枝，务求达到合理采光的目的。

（二）小枝的处理

小枝主要是石榴树上一些较短、长势稍弱、萌发能力强的枝条，这类枝条容易造成树冠内枝条密集，影响通风透光。修剪时，首先采取拉枝的方式，扩大主侧枝间距，然后采用疏剪的方法使小枝在树冠上的分布呈上稀下密、外稀内密的状态。内膛小枝的密度大，修剪调整枝条间距在 15 ～ 20 cm，呈现出小枝间互不交叉、互不重叠和留有余空的状态。

（三）结果母枝的处理

结果母枝是软籽石榴树上最重要的结果枝类型，决定了当年的产量。在疏剪过程中，要多保留有花芽的结果母枝，并在其周围保留 3 ～ 5 个营养枝。如果结果母枝过多，可疏去细小的结果母枝，留下粗壮、花芽肥大的结果母枝，并使结果母枝与营养枝比例为 1 ∶（5 ～ 15）或 1 ∶（5 ～ 8）。

（四）病虫枝的处理

病虫枝、枯枝要全部剪除。

第六节　不同类型树的修剪

生产中整形与修剪的实际效果常取决于石榴树的栽培年限、修剪方法、修剪程度和修剪的时期。不同生育时期的软籽石榴树整形与修剪要求不同。根据不同树龄期修剪分为：幼树期修剪、初结果期修剪、盛果期修剪。

一、幼树整形修剪（1～4年）

幼树是指尚未结果或刚开始结果的树。整形修剪的主要目的是培育良好树形，进一步培养和完善主干和侧枝，逐步配备结果枝组。栽植第一年的主要任务是培养主干，在金沙江干热河谷地区栽植后2～3年以培养骨干枝、塑造良好的树形为主。修剪过程中，对长势较强、二次枝较多的营养枝，缓放不剪，待其成花结果后再回缩，培养成为结果枝组；对长势弱、分枝较少的营养枝，先短截再缓放培养成为结果枝组；长势衰弱的多年生枝可进行轻度回缩复壮，及时疏除萌蘖。具体整形修剪方法因树形不同而有差异。

二、初结果树的修剪（5～8年）

初结果树指栽植5～8年的树，这个时期的树，营养生长旺盛，树冠快速扩大，形成较多枝组，产量逐年上升。整形修剪的目的是完善和配备各类主枝、侧枝和结果枝组。

修剪过程中，需将主枝两侧位置适宜、长势健壮的营养枝培养成侧枝或结果枝组。对树干上影响骨干枝生长的直立性徒长枝、萌蘖枝通过疏除、扭伤、拉枝等措施，改造成大中型结果枝组。长势中庸、二次枝较多的营养枝缓放不剪，促其开花结果；长势较弱，枝条纤细的多年生枝要及时短截，回缩复壮。

三、盛果期树修剪（8年以上）

盛果期的树是指栽植8年以上，进入盛果期，产量比较稳定的树。软籽石榴树进入盛果期后，树形基本形成，树冠趋于稳定，树冠扩大缓慢，生长势逐渐缓和。对进入盛果期的大树，应维持树体“三稀三密”的良好结构，通过修剪调节，保持结果枝、预备枝和更新枝的适当比例，维持生长与结果的平衡关系，延长盛果年限。修剪的主要任务是维护树势不衰，保持各类结果枝组的结果能力，延长盛果期年限。修剪的主要内容是疏除多余的旺枝、徒长枝、过密枝、下垂枝、病虫枝、枯死枝等，调整主枝角度，回缩衰弱枝，适当疏除细弱密生枝，以提高花芽分化质量。

对于盛果期的软籽石榴果树，树体整形基本完成，生长发育平衡，大量结果。树冠呈下密上稀、外密内稀、小枝密大枝稀的“三密三稀”状态，内部不空、通风透光，养分集中，以利于多形成正常花，多结果，结优质果。

石榴的短枝多为结果母枝，对这类短枝应注意保留，一般不进行短截修剪。在修剪时除对少数徒长枝和过旺发育枝用作扩大树冠实行少量短截外，一般均以疏剪为主。

四、衰老树的修剪和更新改造

衰老树是指大量结果 20 ～ 30 年的树。前期贮藏的营养大量消耗，地下根系逐渐衰老枯死，冠内枝条也逐渐衰弱，花多果少，产量下降。对进入衰老期的软籽石榴树，则需通过更新复壮，维持经济产量，直至全园更新。石榴树进入盛果期后，随着树龄的增长，结果母枝老化，枯死枝逐渐增多。特别是 50 ～ 60 年生的树，树冠下部和内膛光秃，结果部位外移，产量大大下降，结果母枝瘦小细弱，老干糟空，上部焦梢。此期除增施肥水和病虫害防治外，每年应进行更新改造修剪。具体方法为：

（一）缩剪衰老的主侧枝

次年在萌蘖旺枝或主干上发出的徒长枝中选留 2 ～ 3 个枝条，有计划地逐步培养为新的主侧枝和结果母枝，延长结果年限。

（二）一次进行更新改造

冬天将全株的衰老主干及地上部分锯除；翌年生长季节根际会萌生出大量根蘖枝条，冬季修剪时从所有枝条中选出 4 ～ 5 个壮枝作新株主干，其余全部疏除；第三年在加强肥水管理和病虫害防治的基础上，短枝可形成结果母枝和花芽；第四年即可开花结果。

（三）逐年进行更新改造

衰老树的更新复壮树型适宜采取自然丛干形，主干一般多达 5 ～

8个。第一年冬季可从地面锯除1～2个主干，第二年生长季可萌生出数个萌蘖条，冬季在萌生的根蘖中选留2～3个壮枝作新干，余下全部疏除，同时再锯除1～2个老干，第三年生长季节从第二年更新处又萌生数个蘖条，冬季再选留2～3个壮枝留作新干，其余疏除。第一年选留的2～3个新干上短枝已可以形成花芽。第三年冬再锯除1～2个老干，第四年生长季节又从更新处萌生数个萌蘖条，冬季选留2～3个萌条作新干。第一年更新的短枝已经开花结果，第二年新枝已经形成花芽。这样更新改造衰老树石榴园，分年分次进行，既不绝产，4年后又可更新复壮，恢复果园生机。

第八章　花果管理

第一节　促进花芽形成的措施

一、合理修剪

合理修剪可平衡营养生长和生殖生长，生长过旺不利于花芽形成，在修剪时及时疏除过密枝、徒长枝等。

二、加强水肥管理

花芽分化期正值果实迅速生长期，需肥需水较多，此期通过追施氮、磷、钾速效肥可提高花芽形成量。果实采收后及时追施有机肥，能提高完全花的比例，提高花芽质量。

第二节　落花落果主要原因

软籽石榴落花落果现象严重，雌性退化花（又称钟状花）脱落是正常的，但两性正常花脱落和落果现象也很严重。落花落果可分为生理性和机械性两种。机械性落花落果往往因风、雹等自然灾害所引起，而生理性落花落果的原因很多，在正常情况下都可能发生，落花落果有时高达90%以上。

一、激素水平不平衡

软籽石榴体内含有生长素、赤霉素等多种内源激素，虽然它们含量极少，但对软籽石榴的花芽分化及萌发和果实的生长发育起到极其重要的调控作用。软籽石榴盛花期使用外源赤霉素处理花托，可明显提高坐果率。

二、树体营养不良

树体营养较好的条件下，胚的发育以及果实的发育才好。树体营养不良会造成钟状花比例高，坐果率低，落花落果严重。

三、低温阴雨授粉不良

授粉受精良好对提高软籽石榴坐果率有重要作用，如果授粉受精不良，则会导致大量落花落果。套袋自花授粉的结实率仅为3.3%，而经套袋并人工辅助授粉的结实率高达83.9%。软籽石榴早春开花遇阴雨天气，气温会骤降，限制了昆虫活动及花粉的风力传播，不利于授粉受精。

第三节　保花保果技术

一、疏蕾疏花

软籽石榴花期长，花量大，且从现蕾、开花、落花、落果消耗了大量树体营养。及时疏蕾疏花，对调节树体营养，保持健壮树体，提高果实的产量和品质有重要作用。从花蕾膨大能用肉眼分辨出正常蕾与退化蕾时开始，去除结果枝顶端果位下部尾尖瘦小的退化蕾与花，保留正常花，直至盛花期结束连续进行。

二、辅助授粉

（一）果园养蜂

养蜜蜂是提高软籽石榴坐果率的有效措施，每3～6亩果园放置1箱蜜蜂（约1.8万头蜜蜂）即可满足传粉的需要。蜜蜂对农用杀虫剂非常敏感，因此喷洒农药时把蜂箱关闭，不要让蜜蜂到外活动。

（二）人工授粉

摘取花粉处于生命活动期(花冠开放的第2天，花粉粒金黄色)的败育花，掰去萼片和花瓣，露出花药，直接点授在正常柱头上，每朵可授8～10朵花。此法费工，但效果好，一般坐果率在90%以上，是提高软籽石榴前期坐果率的最有效措施。

（三）机械喷粉

把花粉混入0.1%的蔗糖液中（糖液可防止花粉在溶液中破裂，如混后立即喷，可减少糖量或不加糖）利用农用喷雾器喷粉。配制比例为：水10 L，蔗糖0.01 kg，花粉50 mg，再加入硼酸10 g（可增加花粉活力）。花粉在果园随采随用，花粉液随配随用。

软籽石榴花期较长，在有效花期内都可人工授粉，但以盛花期前辅助授粉为好，可提高软籽石榴前期坐果率，增加果实的商品性。授粉时间，应选择在天气晴朗时，以8:00～10:00花刚开放、柱头分泌物较多时授粉最好。

三、应用生长调节剂

软籽石榴落花落果的直接原因是离层的形成，而离层形成与内源激素(如生长素等)平衡状态有关。应用生长调节剂和微量元素，防止果（花）柄产生离层对防止落花落果有一定效果，其作用机理是改变果树内源激素的水平和不同激素间的平衡关系。于软籽石榴盛花期用脱脂棉球蘸取激素类药剂涂抹花托可明显提高坐果率，如用5～30 mg/L赤霉素处理，坐果率可提高17%～2 5%。

初冬对4～5年生软籽石榴树，株施多效唑有效成分1 g能促进花芽形成，单株雌花数提高80%～150%，雌雄花比例提高25%，单株结果数增加25%，增产幅度为45%～65%。夏季现蕾初期对2年以上软籽石榴树叶面喷施500～800 mg/L的多效唑溶液，能有效控制枝梢徒长，增加雌花数量，提高前期坐果率，单株结果数和单果重分别增加17%和13%，单株产量提高25%。使用多效唑要特别注意使用时期、剂量和方法，如因用量过大，树体控制过度，可用赤霉素喷洒缓解。

四、喷施微量元素

花期叶面喷施0.5%磷酸二氢钾加0.5%硼酸两次，可提高坐果率。

五、促成二批花

如遇极端天气，造成头批花坐果率低，可及时追施速效氮肥和磷肥，并灌水，促进形成二批花，以提高坐果率。

第四节　疏果

疏果对提高软籽石榴商品率非常重要。生理落果后及时疏除病虫果、畸形果，从生果的侧位果等，并根据树龄、预计亩产量和预计单果重量等负载量进行疏果，提倡留单果。如丰产期优质果园每亩产量 2500 ～ 3000 kg，平均单果重 350 ～ 370 g，按照每亩 90 株，每株留果 60 ～ 90 个即可。

果农有“多留头次果，选留 2 次果，疏除 3 次果，年年丰收结大果”的经验。实际生产中，根据树龄树势，确定负载量，重点保留头花果，适当保留二花果，疏除三花果和多余的果，使果实在树上合理布局，以提高果实质量。

第五节　果实套袋

套袋的石榴果实的综合品质高于未套袋果实。套袋能影响果实的色泽，降低病虫害的危害，减少机械损伤和农药残留，明显提高果实品质，增加农民的经济效益。套袋影响果实品质的原因主要有以下几点：一是对果实的袋内生态产生影响，如果袋内外的温度、湿度等；二是套袋降低了果实的着色指数，明显改善果实的光洁度；三是套袋降低了叶绿素含量，采收前去袋，果实的着色更加鲜艳。

一、套袋时间

生理落果后果实直径 5 cm 左右果皮全部转绿时即可套袋。

二、套袋前喷药

套袋前一定要喷杀虫杀菌剂 1 ～ 2 次，重点喷果面，喷完风干水汽后即可套袋。虫害主要是防治蚧壳虫，可用螺虫乙酯、噻虫嗪等药剂；病害主要防治麻皮病，可用代森锰锌、多菌灵、阿米西达、吡唑醚菌酯等杀菌剂。

三、套袋

果袋选用白色单层纸袋，规格 200 mm×240 mm 左右。套袋时间注意一定要把袋口封严，但也不要扎得过分用力，以防损伤果柄影响幼果生长。每一个果用一个果袋，双果不便单个套的，可使用大号果袋一起套。

图 8-1　果园套袋处理

四、摘袋

对于着色品种，可在采收前 5 ～ 7 天进行摘袋。采前 10 ～ 20 天先撕开外袋，隔 4 ～ 7 个晴天后，再去除内袋，对提高软籽石榴品质效果较好。一般品种可在采收时连同果实袋一并摘放入筐中，待装箱时再除袋分级，这样既可防果碰伤，保持果面净洁，又可减少失水。

图 8-2　果实套袋处理

第九章　病虫草害防治

软籽石榴的病虫害防治遵循“预防为主，综合防治”的植保方针。优先采用农业防治和物理防治，合理使用化学防治，禁止使用国家禁限用农药名录内的药品。加强果园栽培管理，改善果园生态环境为基础，根据病虫害的发生规律，科学应用综合防治技术，提前做好预防工作。在病虫害发生初期及时采取有效措施，将病虫害控制在萌芽状态，控制病虫害的发生和蔓延，减少对软籽石榴的危害，让石榴产业绿色健康发展。

第一节　综合防治措施

随着金沙江干热河谷地区软籽石榴生产面积的逐年扩大，受种苗、栽培技术、农户盲目栽植等多种因素的影响，软籽石榴病虫害逐年加重，影响范围逐渐扩大。目前调查发现的病虫害主要有：石榴枯萎病、干腐病、石榴早期落叶病、麻皮病、果腐病、黑斑病、蒂腐病、疮痂病和蚜虫、红蜘蛛、蓟马、桃蛀螟、桃蛀果蛾、柑橘小实蝇、棉铃虫、潜叶蛾、龟蜡蚧、蜗牛、榴绒粉蚧、石榴巾夜蛾、黄刺蛾、石榴茎窗蛾等。根据近年来软籽石榴病虫害发生为害特点和防治试验结果，综合软籽石榴产区防治病虫害的成功经验，本着经济、有效、实用、安全的原则，采用农业防治、物理防治、生物防治和化学防治等多种措施，集成了金沙江干热河谷地区软籽石榴病虫害综合防治技术。

一、农业防治

（一）植物检疫

农业部门加强植物检疫宣传，引导栽植户从专业种苗机构采购种苗，对外引苗木在栽植前进行集中消毒处理，防止带毒苗木在当地传染病虫害。同时加强对种苗包装物、铺垫材料、装载容器运输工具等的检疫，采取熏蒸、消毒和冷处理、热处理等方式消毒，对损坏的包装材料集中烧毁，防止检疫病虫害传播。

（二）培养无病苗木

果树病虫害常随苗木、接穗、插条、根蘖、种子等繁殖材料的购买和引种大面积传播。对于病虫害的防治要从根源控制，培养无病苗木是一项重要的措施。在新果园建立时，对无病苗木的选择尤为重要。必须严格禁止采用带毒种苗和接穗，同时应该加强软籽石榴病虫害检疫技术的研究，为繁殖材料带病情况的鉴定提供简便易行的方法。

（三）选用抗（耐）病虫害的良种

做到一园一品。在选种过程中，选择适宜金沙江干热河谷地区气候环境的抗性品种或砧木。如砧木选用花石榴、建水酸石榴、麻皮石榴等品种，品种选择抗逆性强的突尼斯、中农红、红如意等良种。

（四）生草栽培

在栽培管理过程中，果园生草可为果园创造有利于果树生长和虫害天敌生存，但不利于病虫害滋生的生态环境，有利于保持生物多样性和生态平衡。

（五）切断传染源

通过修剪、清园、翻地晒土、集中烧毁病虫害枝叶等措施，清除病株残余、深耕除草、砍除转主寄主，其主要目的在于及时消灭和减少初侵染及再侵染的病菌来源。因此，搞好果园卫生，就有很明显的防治效果。

（六）合理修剪

修剪是软籽石榴日常管理的重要措施，同时也是病虫害农业防治工作中的主要措施之一，通过合理修剪，减少树体多余的养分消耗，平衡树势，同时改善果园通风透光照条件，还可以去掉病枝、病梢、病蔓、病芽和僵果等，减少病源的数量，以此来达到增强树体的抗病能力，起到防治病害的良好作用。

（七）合理的水肥管理

加强水肥管理，可以提高软籽石榴树体营养状况，提高抗病能力，起到壮树防病的作用。在金沙江干热干热河谷地区，根腐病等常发生在积水严重的果园，改漫灌和沟灌为滴灌并适当控制灌水，及时排除积水，定期翻耕土壤，可以减轻病虫害的发生，同时由于病菌还可以随水传播，控水也能起到切断病原菌传染源。对于缺肥果园，适当施磷钾肥、增施有机肥、有针对性地追施微量元素肥料等，可以抑制病害的发展、改良土壤，促使树体健壮，起到提高石榴抗病能力的效果。

二、物理防治

（一）使用杀虫灯

合理利用部分害虫的趋光特性，对常在夜间活动的鳞翅目、鞘翅目、半翅目、膜翅目、双翅目等多类害虫应用杀虫灯进行捕杀，能起到较好的虫害防治效果。在果园外部每 1.5 ～ 3.33 hm^2 安装一盏并高出果树 0.8 ～ 1.5 m 频振式杀虫灯。

（二）利用颜色诱杀害虫

使用黄色板、蓝色板和白色板粘杀害虫，不仅能提高杀虫效果，还能有效降低农药使用量。

（三）果实套袋

采用白色双层纸袋对软籽石榴果实进行套袋，在套袋前采用杀虫剂和杀菌剂复配的低毒高效药剂对果实进行喷药处理，晾干后半小时内再进行套袋。可以防止病虫害浸染，减少果实机械损伤、增加果实着色和果面光洁度。

（四）翻土晒垡

软籽石榴生命周期较长，土地种植周期也相对较长，常年的耕种，土壤蓄积大量病菌残体、虫卵、害虫等。可以选择在每年秋冬季节进行基肥施用过程中，选择晴天，对果园土地进行深翻晒土，起到破坏病原菌和害虫越冬场所、土壤消毒、增加土壤通透性的效果。

图 9-1　黄蓝板诱虫、果实套袋处理

三、生物防治

（一）创造害虫天敌生境

果园周围和行间种植蜜源植物，创造天敌适生环境。

（二）利用趋避植物防治

周围和行间种植病虫害驱避植物如苦楝、向日葵等。

（三）利用天敌防治

收集、引进、繁殖、释放主要害虫天敌，在生产上主要采取以虫治虫方式在田间释放东方钝绥螨等天敌昆虫，防治石榴叶螨、西花蓟马；保护和释放瓢虫、蚜茧蜂、小花蝽等天敌昆虫，控制石榴蚜虫、蓟马和蚧壳虫蔓延危害，减少化学农药的使用，保护害虫天敌。

（四）使用生物农药

使用真菌、细菌、病毒、昆虫生长调节剂等生物农药。如应用苏云金杆菌乳剂、阿维菌素、灭幼脲、春雷露素和农抗 120 等。

1. 以菌治虫

应用 BT 乳剂、球孢白僵菌、金龟子绿僵菌等微生物制剂喷雾和灌根，可以防治桃蛀螟、黄刺蛾、棉铃虫、日本黄脊蝗、铜绿丽金龟等鳞翅目和鞘翅目害虫；应用淡紫拟青霉菌剂灌根防治石榴根结线虫，效果较好。

2. 以菌治菌

应用枯草芽孢杆菌、地衣芽孢杆菌、荧光假单胞杆菌、哈茨木霉菌等有益微生物制剂喷雾和灌根，在石榴叶际和根际产生抗生素，抑制致病菌的生长繁殖，减轻石榴枯萎病、根腐病、褐斑病等病害的发生，从而达到以菌治菌的目的。

四、化学防治

病虫害化学防治是利用化学农药，采取农药喷雾、喷粉、灌根、种苗处理、浸种、熏蒸、土壤处理等措施，进行病虫害防治的方法，具有作用快、效果好、使用方便等特点，能在短时间内消灭大量害虫，减少和控制病害发生，不受季节和区域的限制，是病虫害防治的重要手段。常用的化学农药主要有杀虫剂、杀菌剂等。在金沙江干热河谷地区，化学防治应按无公害软籽石榴和绿色食品 - 软籽石榴生产管理要求实施，选择软籽石榴专业技术机构 (如合作社) 提供当地农药使用规范，严禁售卖禁用农药。在用药过程中，要对症用药，严格控制用药剂量、用药时间、用药方法和用药次数，严格把握交替使用的原则，做到“低毒高效，农药无残留”。采果前 1 个月内禁止使用任何农药。

第二节　主要病害防治

一、枯萎病

(一) 病原

甘薯长喙壳菌 (*Ceratocystis fimbriata* Ellis.et Halsted)。

(二) 病症识别

根部发病，发病部位呈黑褐色。初期树干基部细微纵向开裂，木质部变色，横切面呈放射状暗红、紫褐至深褐色或黑色病斑，随后向根茎部扩散。最初 1 至数个枝条上的叶片黄化和萎蔫，感病植株从根到主干木质部横切面变为褐色，1 周后整个植株萎蔫死亡。

（三）侵染循环

石榴枯萎病是一种土传真菌病害，石榴果实和种子不带菌。病原菌以厚垣孢子、菌丝体等在病根、茎、枝及大田和粪肥中越冬，成为翌年发病的主要传染源。病原菌从根部伤口或自然孔口侵入，造成根部的腐烂坏死。石榴园地下水位高、雨季积水会加重石榴枯萎病的发生，栽植后起垄土壤掩埋石榴树根茎部也会加重石榴枯萎病的发生。

（四）传播方式

1. 病苗传播

病树根系茎段和病苗（扦插条）是近距离和远距离传播的主要途径。

2. 劳动工具传播

冬季和夏季的枝条修剪和中耕施肥时病原菌会通过枝剪、锯子、砍刀、锄头等劳动工具传播。

3. 动物传播。

羊等家畜啃食发病树皮和韧皮部后病菌随粪便排泄物传播也是传播方式之一。

4. 自然传播

水流和山地气流也是造成病原菌的自然传播途径。

（五）防治方法

（1）加强苗木检疫。

（2）选用优质嫁接苗。选用以抗病性强的花石榴、酸石榴或本地冰籽石榴做砧木的嫁接苗。

（3）及时清理感病植株。断枝落叶收集后集中烧毁。挖出病株后的坑穴用生石灰、杀菌剂等进行土壤消毒。慎用氮磷钾肥，多施农家肥，提高土壤有机质含量，在春秋可进行浅耕，尽量减少中耕，最大程度上避免根部施肥时对根系的伤害。对修剪、松土的农具需适时做好消毒工作，尤其是连续在不同地块果园间进行操作时必须进行消毒。消毒可选用多菌灵药液浸泡或用开水煮沸 15 ～ 20 min。不得随意将病植株残体丢弃在果园周围，必须及时掩埋或烧毁。

（4）药物防治。感病果园尚未发病植株用杀菌剂 30% 戊唑 • 多菌灵、30% 恶霉灵、25% 丙环唑、腈菌唑、1 ∶ 1 ∶ 100 波尔多液等灌根预防。

二、干腐病

软籽石榴干腐病，是软籽石榴常见病害之一。干腐病一般为害衰弱的老树和定植后管理不善的幼树。该病害的致病菌种类多、寄主多，除软籽石榴外，还可寄生苹果、柑橘、桃、杨、柳等 10 余种木本植物，增加病害的防治难度。

（一）病原

石榴鲜壳孢（*Zythia versoniana* Sacc.）、石榴壳座月孢［*Coniella granati* (Sacc.) Petr. & Syd.］, *Phomopsis* sp.)。

（二）病症识别

干枝发病初期，表皮无症状，拨开表皮可见皮层为浅黄褐色。条件适合时发病范围扩展迅速，受害部位形状不规则，明显区别于健康部分。后期病部皮层失水干缩、凹陷，病皮开裂，呈块状翘起易剥离，发病严重时可侵染木质部，直至变为黑褐色，最终使全树或全枝逐渐干枯死亡。花果期，病原菌于 5 月上旬开始侵染花蕾，后蔓延至花冠和果实，直至 1 年生新梢。在蕾期、花期发病，花冠变褐色，花萼产生黑褐色椭圆形凹陷小斑。幼果发病时首先在表面发生豆粒状、大小不规则的浅褐色病斑，之后逐渐扩展为中间深褐、边缘浅褐的凹陷病斑，逐渐深入果内，直至整个果实变褐、腐烂。在花期和幼果期受害严重会引起早期落花、落果；果实膨大期至初熟期不落果，反而干缩成僵果悬挂在枝梢。僵果果面及隔膜、籽粒上着生许多颗粒状的病原菌体。

（三）侵染循环

病菌以菌丝体、分生孢子器及子囊壳在病部枝干越冬，翌年 4 月产生孢子进行侵染。病菌孢子随风雨传播，可从枝干伤口处侵入，也能从死亡的枯芽和皮孔侵入。干腐病菌具有潜伏侵染特性，寄生力弱，只能侵害衰弱植株(或枝干)和移植后处在缓苗期的苗木。病菌先在伤口死亡组织上生长一段时间，再侵染活体组织。当树皮水分低于正常情况时，病菌扩展迅速。软籽石榴整个生长期均会发病，7～8月为发病高峰期。

(四)发病条件

（1）树势衰弱是病害发生流行的重要原因。管理不良，树势衰弱的植株发病株率较高，且病斑数量较多、面积较大。

（2）严重干旱或涝害是诱发病害的重要因素。干腐病在干旱年份和降雨较多的年份发病重。此外，涝害会引致生理干旱，所以在地势低洼、土质黏重、排水不良的果园发生也较多。

（3）枝干伤口是病原菌的侵入口，在修剪较重、机械损伤较多的衰弱树多易发病。其他枝干病害发生多，干腐病也较多。

(五)防治方法

1. 选栽抗病品种，培育壮苗、合理定植

合理灌水施肥，定植后要及时灌水，加强管理，尽量缩短缓苗期。芽接苗在发芽前15～20天及时剪掉芽接上部2～3 cm的砧木，伤口用2.12%腐殖酸铜涂抹，减少病菌侵染机会。

2. 加强管理

（1）改良土壤，提高土壤保水保肥力，合理施肥，避免偏施氮肥，旱涝时及时灌排，保护树体。

（2）对果实进行套袋保护。生理落果后喷1次杀虫、杀菌剂，套袋。

（3）冬、春季节将消灭桃蛀螟越冬虫蛹和清理病枝弱枝相结合，搜集树上、树下干僵病果烧毁或深埋，辅以刮树皮、石灰浆涂干等措施减少越冬病原。

3. 彻底刮除病斑

在发病初期，用锋利快刀削掉变色的病部或刮掉病斑后涂抹伤口保护剂。

4. 药剂防治

冬季修剪后发芽前喷波美5度石硫合剂封园，从3月下旬至采收前 20 天，喷洒硫酸铜：生石灰：水为 1 ：2 ：200 的波尔多液，或 80% 代森锰锌可湿性粉剂 800 倍 +50% 多菌灵胶悬剂 500 倍液，或 75% 百菌清 800 倍 +50% 甲基硫菌灵可湿性粉剂 800 倍液，或 40% 苯醚甲环唑悬浮剂 4000 倍 +25% 吡唑嘧菌酯悬浮剂 1000 倍液 4 ～ 5 次，交替使用。

三、早期落叶病

早期落叶病是以褐斑病、斑点落叶病为主的造成果树大量落叶的叶部病害的统称，其中以褐斑病对石榴树的损害最为严重。石榴褐斑病在石榴产区均有发生。主要为害果实和叶片，重病果园的病叶率达 85% ～ 100%，8 ～ 9 月份大量落叶，树势衰弱，产量锐减，对果实外观影响较严重，商品价值降低。其危害程度与品种、土肥水管理、树体通风透光条件和年降水量等密切相关。

（一）病原

石榴生尾孢霉菌（*Cercospora punicae* P. Henn）。

（二）症状识别

主要为害叶片，初期先在树冠下部和内膛叶片上发生。褐斑病叶片的病斑初为褐色小点，以后发展成针芒状、同心轮纹状或混合型病斑，病斑上的黑色小颗粒即为病菌分生孢子盘。圆斑病的病斑初为圆形或近圆形、褐色或灰色斑点。轮纹斑点病的叶呈褐色或暗褐色，多发生于叶片边缘。空气潮湿时，叶背面常有黑色霉状物出现。叶片感染初期为黑褐色细小斑点，逐步扩大呈圆形、方形、不规则的多角形 1 ～ 2 mm 小斑块。果实上的病斑形状与叶片的相似，但大小不等，近圆形或不规则，黑色微凹，也有灰色茸状小粒点，果实着色后病斑外缘呈淡黄白色，有细小斑点和直径 1 ～ 2 cm 的大斑块，重者覆盖 1/3 ～ 1/2 的果面。

（三）侵染循环

病原菌属半知菌类的石榴尾孢霉菌。菌丝灰黑色，在 25℃时生长良好。于 4 月下旬开始产生分生孢子，靠气流传播。5 月下旬开始发病，侵染新叶和花器。降水集中的雨季是发病的高峰期，秋季继续侵染，但病情减弱，10 月下旬叶片开始枯萎病原菌则停止侵染蔓延，11 月上旬随落叶进入休眠期。

（四）防治方法

1. 加强管理

合理施肥，重视修剪培养良好树形，改善树冠和园内通风透光状况。在落叶后至翌年 3 月份清除园内落叶，摘除树上病果、僵果和清扫枯叶集中深埋或烧毁，尽量减少越冬病菌源。

2. 药物防治

生长期间，从展叶期开始，喷 80% 代森锰锌可湿性粉剂 800 倍液 +50% 多菌灵胶悬剂 500 倍液，或 80% 代森锰锌可湿性粉剂 800 倍 +50% 甲基硫菌灵可湿性粉剂 800 倍液，或 40% 苯醚甲环唑悬浮剂 4000 倍 +25% 吡唑嘧菌酯悬浮剂 1000 倍液，或 10% 多抗霉素可湿性粉剂 1500 倍液 3 ～ 4 次，交替使用。

四、麻皮病

果实生长期处于多雨的夏季，环境湿度大，树冠生长快速容易通风透光不良，石榴果实易遭受多种病虫害的侵袭，在高海拔的山地果园因干旱和强日照易发生日灼。多种原因导致石榴果皮上发生的病变统称为“麻皮病”。

（一）病原

病因较复杂，石榴麻皮病是一种综合性病害，重病果园病果率可达 95% 以上。主要由疮痂病、干腐病、日灼病、蓟马为害等所致。

（二）症状识别

果皮粗糙，失去原品种颜色和光泽，影响外观，轻则降低商品价值，重则烂果。多种原因导致石榴果皮上发生的病变统称为“麻皮病”。引起果皮变麻的主要原因有 4 个方面。

1. 疮痂病

该病发病高峰期为 5 月中旬至 6 月上旬，与这一时期降雨量有较大关系，降雨多的年份发病较重，6 月下旬至 7 月上旬，管理差的果园病果率可达 85% 以上。

2. 干腐病

该病初发期为 6 月上旬，盛发期为 6 月下旬至 7 月上旬，以树龄较大的老果园，栽植密度大、修剪不合理、郁闭严重的果园为主要发病园，树冠中下部的果实发病较多。

3. 日灼病

在高海拔的山地果园，由于日照强，树冠顶部和外围的石榴果实的向阳面处于夏季烈日的长期直射下，尤其在石榴生长后期 7 ～ 8 月份伏旱严重时，日灼病发生尤为严重。

4. 蓟马为害

为害石榴的主要是烟蓟马和茶黄蓟马，以幼果期为害较重。为害的高峰期为 5 月中旬至 6 月中旬，蓟马为害的病害率可达 85% ～ 95%，由于蓟马虫体小，为害伤口隐蔽，不易被发现。

（三）防治方法

石榴麻皮病危害不可逆，一旦造成危害损失无法挽回，生产上应针对不同的原因采取相应的防治措施。

1. 加强管理。

（1）清理越冬病虫

冬季落叶后结合冬季修剪、彻底清除园内病虫枝、病虫果、病叶进行集中销毁。加强栽培管理，提高树体抗病能力。夏季要随时摘除病落果，深埋或烧毁。对树体喷洒 5 波美度的石硫合剂或 1 ∶ 2 ∶ 200 倍式波尔多液等。

（2）果实套袋和遮光防治日灼病

对树冠顶部和外围的石榴用白色纸袋进行套袋，套袋前先喷杀虫杀菌混合药剂，既防其他病虫也可有效防治日灼病，于采果前 15 ～ 20 天去袋。

2. 多种病虫害共同防治

幼果期是防治石榴麻皮的关键时期，防治好蚜虫、蓟马、疮痂病、干腐病等，可有效降低麻皮病的发生。

3. 药剂防治

春季石榴萌芽展叶后，用 80% 代森锌可湿性粉剂 600 倍液或 20% 丙环唑乳油 3000 倍液等消灭潜伏危害的病菌。

五、果腐病

石榴果腐病在国内各石榴产区均有发生，一般发病率 20% ～ 30%，尤以采收后、贮运期间病害的持续发生造成损失严重。

（一）病原

石榴果腐病原菌有 3 种：褐腐病菌，占果腐数的 29% 左右；酵母菌，占果腐数的 55% 左右；杂菌 (主要是青霉菌和绿霉菌)，占果腐数的 16% 左右。

（二）症状识别

果腐病的突出症状是部分果实干缩成僵果悬挂于树上不脱落，多数果皮糟软，果肉籽粒及隔膜腐烂，稍加挤压果皮就可流出黄褐色汁液。

1. 褐腐病菌感染

由褐腐病菌侵染造成的果腐，多在石榴近成熟期发生。初在果皮上生淡褐色水浸状斑，后迅速扩大，病部出现灰褐色霉层，内部籽粒随之腐坏。病果常干缩成深褐色至黑色的僵果悬挂于树上不脱落。病株枝条上也会形成溃疡斑。

2. 酵母菌感染

由酵母菌侵染造成的发酵果，也在石榴近成熟期出现，贮运期可进一步发生。病果初期外观无明显症状，仅局部果皮微现淡红色。剥开带淡红色部位可见果瓤变红，籽粒轻微腐败，后期整果内部腐坏并充满红褐色带浓香味浆汁。用浆汁涂片镜检可见大量酵母菌。病果常迅速脱落。

3. 杂菌感染

自然裂果或果皮伤口处受多种杂菌 (主要是青霉菌和绿霉菌) 的侵染，由裂口部位开始腐烂，直至全果腐烂，阴雨天气尤为严重。

（三）侵染循环

褐腐病病原菌以菌丝及分生孢子在僵果上或枝干溃疡处越冬，翌年雨季靠气流和雨水传播侵染。病果多在温暖高湿气候下发生严重。酵母菌形成的发酵果主要与榴绒粉蚧有关。凡病果均受过榴绒粉蚧为害，特别是在果嘴残留花丝部位均可找到榴绒粉蚧。酵母菌通过粉蚧的刺吸伤口侵入石榴果实内部。榴绒粉蚧常在 6 ～ 7 月少雨适温年份发生，石榴发酵也因此发生严重。裂果严重时果腐病相对发生也重。

（四）防治方法

生产上应针对不同的原因造成的果腐病采取相应的综合防治措施。

1. 防治褐腐病

防治褐腐病，可在发病初期用 75% 百菌清可湿性粉剂 800 倍 +50% 多菌灵可湿性粉剂 600 倍液喷雾，7 ～ 10 天喷 1 次，连用 3 次，或 75% 百菌清可湿性粉剂 800 倍 +70% 甲基托布津 600 ～ 800 倍液，7 天喷 1 次，连续喷 3 次，防效 95% 以上。

2. 防治发酵

防治发酵果关键是杀灭榴绒粉蚧和其他蚧壳虫如康氏粉蚧、日本龟蜡蚧等，于 5 月下旬和 6 月上旬 2 次喷洒 22.4% 螺虫乙酯悬浮剂 4000 倍液，或 97% 矿物油 200 倍液，或 25% 噻嗪酮可湿性粉剂 800 ～ 1000 倍液。

3. 防治生理裂果

防治生理裂果，可在果实膨大期喷施 10 ～ 20 mg/kg 赤霉素，7 ～ 10 天喷 1 次，连续 3 次，防裂果率达 47%。

六、褐斑病

（一）病原

石榴生尾孢霉菌（*Cercospora punicae* P. Henn）、石榴球腔菌（*Mycosphaerella punicae* Petr.）。

（二）症状识别

发病初期果、叶面为针眼状小黑点，后不断扩大，发展为圆形至多角形不规则斑点，大小为（0.4 ～ 1.5）mm ×（2.5 ～ 3.5）mm。后期病斑深褐色至黑褐色，边缘常呈黑线状。气候干燥时病部中心区常呈灰褐色。叶面散生数个病斑，严重时病斑相连，导致叶片提早枯落，病果面布满黑斑。

（三）侵染循环

病菌以分生孢子梗和分生孢子在落叶上越冬。翌年4月中旬至5月上旬，越冬分生孢子或新生分生孢子借风雨飞溅到石榴新梢叶上萌发出菌丝侵染，后续重复侵染。为害期一般在7月下旬至8月中旬，此时石榴鲜果已基本成熟，对产量和品质影响不大。9～10月叶上病斑数量增多，叶片早落明显，不利于花芽分化，是造成翌年生理落果严重的原因之一。

（四）防治方法

加强树体管理，强壮的树势是防病的根本。结合冬季修剪和施肥，彻底清扫地面病残枝叶；在5月下旬至7月中旬，降水多，病害传播快，应抓晴朗日及时喷药防治，可用 20%多菌灵500倍液+新高脂膜800倍液喷雾，或80%大生 M-45可湿性粉剂800倍+50%多菌灵可湿性粉剂600倍液喷雾，不易被雨水冲洗，保护效果良好。中后期用40%苯醚甲环唑悬浮剂4000倍+25%吡唑嘧菌酯悬浮剂1000倍液喷雾保护。石榴谢花后，将萼筒内的花萼残渣清除，可防止雨水灌入引发烂果。还可在石榴黑斑病发生严重的园区，用大生 M-45、安泰生等高效杀菌剂，不仅能有效防治黑斑病、果实斑点病，而且使石榴树生长旺盛，叶片肥厚浓绿，果实表面光滑、色泽鲜艳，果形端正，成熟期提前，口感好，糖度提高，裂果也少。

七、蒂腐病

（一）病原

石榴拟茎点霉菌［*Phomopsis punicae*（Sacc.）Bubak］。

（二）症状识别

果实蒂部腐烂，病部变褐呈水渍状软腐，后期病部生出黑色小粒点，即病原菌分生孢子器。

（三）侵染循环

病菌以菌丝或分生孢子器在病部或随病残叶留在地面或土壤中越冬，翌年条件适宜时，在分生孢子器中产生大量分生孢子，从分生孢子器孔口溢出，借风雨传播，进行初侵染和多次循环侵染。一般雨季、空气湿度大易发病。

（四）防治方法

1. 加强果园管理

施用酵素菌沤制的堆肥或保得生物肥或腐熟有机肥、合理灌水，保持果树生长健壮。雨后及时排水防止湿气滞留，减少发病。

2. 药剂防治

发病初期喷洒27%春雷·王铜可湿性粉剂700倍液、75%百菌清可湿性粉剂600倍液+50%多菌灵可湿性粉剂600倍液、50%百硫悬浮剂600倍液等，10天喷1次，防治2～3次。药剂轮换使用。

八、疮痂病

（一）病原

石榴痂圆孢菌（*Sphaceloma punicae* Bitanc et Jank.）、小穴壳菌（*Dothiorella* sp.）。

（二）症状识别

石榴疮痂病主要为害枝干、果实和花萼，病斑主要出现在自然孔口处，初期呈水渍状，渐变为红褐色、紫褐色直至黑褐色，单个病斑圆形至椭圆形，直径2～5 mm，后期多斑融合成不规则疮痂状，龟裂严重，粗糙坚硬，甚至露出韧皮部或木质部，后期病斑直径10～30 mm或更大。湿度大时，病斑内产生淡红色粉状物，即病原菌的分生孢子盘和分生孢子。

（三）防治方法

1. 刮除病斑

（1）刮治病疤皮层，用小刀把病疤皮层全部刮下，并刮出新的皮层，刮完后立即涂药消毒，以利形成愈伤组织；

（2）保留病疤皮层，用小刀在病疤处纵划病斑2～3道，划时上、下要直，深达木质部，四周要刮到新的皮层部，然后涂抹药剂消毒。用这2种不同的刮除病疤法防治石榴疮痂病，治愈率均达80%以上。药剂可选用35%百敌菌500倍液、2.12%腐殖酸铜等，药量以药液微下流为好。

2. 剪除病枝

结合冬季修剪，剪除病枝、病果，刮除病疤，清理果园中的枯枝落叶，集中销毁或深埋。花后和果实膨大期防治。6～7月正是石榴疮痂病的盛发期，可分别在6月中下旬和7月上旬，定期用80%大生 M- 45可湿性粉剂800倍+50%多菌灵可湿性粉剂500倍液或40%苯醚甲环唑悬浮剂4000倍+25%吡唑嘧菌酯悬浮剂1000倍液均匀喷洒果面，用此法防治，防效可达88%以上。

3. 加强管理

加强肥水管理，增强树势，提高树体抗病能力，选用抗病品种。

第三节 主要虫害防治

一、蚜虫

蚜虫指同翅目蚜总科（Aphididea）各种，又名蜜虫、腻虫、雨旱。

（一）形态特征

有翅胎生雌蚜：体长1.7~2.0 mm，翅展5.5 mm。身体暗褐色、头及胸部黑色。身体上覆被的白色绵状物比无翅胎生成虫少。无翅胎生雌蚜：体长1.8～2.2 mm。身体近椭圆形，肥大，赤褐色、体侧具有瘤状突起，着生短毛，身体被有白色蜡质绵状物。有性雌蚜：体长约1 mm，身体淡黄褐色，口器退化，腹部赤褐色，稍被绵毛。有性雄蚜：体长约0.7 mm，黄绿色，触角5节，口器退化。卵：椭圆形，长约0.5 mm，初产时为橙黄色，后变为褐色，表面光滑，外覆白粉，较大一端精孔突出。若虫共4龄，身体略呈圆筒状，体色赤褐，被有白色绵状物。

（二）危害

成虫、若虫群集在寄主的嫩叶、嫩芽、嫩茎、花蕾和花朵上，刺吸汁液，使植株叶片变色、皱缩，甚至脱落。蚜虫分泌的黏液同时又可诱发煤污病。干旱季节和干旱年份蚜虫为害重。

（三）生活史与习性

1年发生20～30代。以卵在石榴、花椒等枝条上越冬。翌年3月份开始孵化，群集于幼芽、嫩叶及花蕾上吸食危害，致使枝叶卷曲，花器官萎缩，并排出大量黏液玷污叶面，易引发煤污病，影响生长和坐果。5 月下旬后迁至附近植物上继续繁殖为害；至 10 月上旬又迁回石榴、花椒等木本植物上，繁殖为害一个时期后产生性蚜，交尾产卵于枝条上越冬。蚜虫在石榴树上为害时间主要在 4 ～ 5 月及 10 月，6 ～ 9 月主要为害农作物。

（四）防治方法

1. 人工防治

在秋末冬初刮除翘裂树皮，清除园内枯枝落叶及杂草，消灭越冬场所。

2. 利用天敌

保护和利用天敌在蚜虫发生危害期间，瓢虫等天敌对蚜虫有一定的控制作用，施药防治要注意保护天敌。当瓢蚜比为 1 ：（100 ～ 200），或蝇蚜（食蚜）比为 1 ：（100 ～ 150）时可不施药，充分利用天敌的自然控制作用。

3. 药剂防治

发芽前以防治越冬有性蚜和卵为主，喷洒波美 5° 石硫合剂以消灭越冬卵；4 月初至 5 月下旬，软籽石榴萌芽生长，现蕾开花，组织幼嫩，加之气候干旱，是蚜虫发生高峰。在蚜虫发生盛期喷 5% 氟氯氰菊酯乳油 1000 倍 +2% 阿维菌素乳油 3000 倍液或 2.5% 溴氰菊酯乳油 1000 倍 +10% 吡虫啉乳油 2000 倍液。药剂轮换使用。

二、红蜘蛛

红蜘蛛（*Tetranychus cinnbarinus*）属蛛形纲蜱螨目叶螨科，又名棉红蜘蛛，俗称大蜘蛛、大龙、砂龙等，学名叶螨。

（一）形态特征

成螨长 0.42 ～ 0.52 mm，体色变化大，一般为红色，梨形，体背两侧各有黑长斑一块。雌成螨深红色，体两侧有黑斑，椭圆形。卵圆球形，光滑，越冬卵红色，非越冬卵淡黄色较少。幼螨近圆形，有足 3 对。越冬代幼螨红色，非越冬代幼螨黄色。越冬代若螨红色，非越冬代若螨黄色，体两侧有黑斑。若螨：有足 4 对，体侧有明显的块状色素。

（二）危害

1 年发生 13 代，以卵越冬，越冬卵一般在 3 月初开始孵化，4 月初全部孵化完毕，越冬后 1 ～ 3 代主要在地面杂草上繁殖为害，4 代以后即同时在树、间作物和杂草上为害，10 月中下旬开始进入越冬期。卵主要在树干皮缝、地面土缝和杂草基部等地越冬，3 月初越冬卵孵化后即离开越冬部位，向早春萌发的杂草上转移为害，初孵化幼螨在 2 天内可爬行的最远距离约为 150 m，若 2 天内找不到食物，即可因饥饿而死亡。4 月下旬石榴萌发时，地面杂草上的部分红蜘蛛开始向树上转移为害石榴，转移的主要途径是沿树干向上爬行。

（三）生活史与习性

红蜘蛛主要以卵或受精雌成螨在植物枝干裂缝、落叶以及根际周围浅土层土缝等处越冬。第二年春天气温回升，植物开始发芽生长时，越冬雌成螨开始活动为害。展叶以后转到叶片上为害，先在叶片背面主脉两侧为害，从若干个小群逐渐遍布整个叶片。发生量大时，在植株表面拉丝爬行，借风传播。一般情况下，在 5 月中旬达到盛发期，7 ～ 8 月是全年的发生高峰期，尤以 6 月下旬至 7 月上旬为害最为严重。常使全树叶片枯黄泛白。该螨完成一代平均需要 10 ～ 15 天，既可以两性生殖，又可以孤雌生殖，雌螨一生只交配一次，雄螨可交配多次。越冬代雌成螨出现时间的早晚，与寄主本身的营养状况的好坏密切相关。寄主受害越重，营养状况越差，越冬螨出现得越早；反之，到 11 月上旬仍有个体为害。

（四）防治方法

1. 人工防治

在越冬卵孵化前刮寄生处的树皮并集中烧毁，刮皮后在树干涂白杀死大部分越冬卵。

2. 农业防治

根据红蜘蛛越冬卵孵化规律和孵化后首先在杂草上取食繁殖的习性，在早春进行翻地，清除地面杂草，保持越冬卵孵化期间田间没有杂草，使红蜘蛛孵化后缺乏食物死亡。

3. 物理防治

可在红蜘蛛即将上树为害前（约 4 月下旬），用无毒不干粘虫胶在树干中涂一闭合粘胶环，环宽约 1 cm，2 个月左右再涂一次，可阻止红蜘蛛向树上转移为害，有效可达 95% 以上。

4. 生物防治

田间红蜘蛛天敌的种类很多，据调查主要有中华草蛉、食螨瓢虫和捕食螨类等，其中又以中华草蛉种群数量较多，对红蜘蛛的捕食量较大，保护和增加天敌数量可增强其对红蜘蛛种群的控制作用。

5. 化学防治

用 5% 氟氯氰菊酯乳油 1000 倍 +2% 阿维菌素乳油 3000 倍液，或 22.4% 螺虫乙酯悬浮剂 3000 倍液 +2% 阿维菌素乳油 3000 倍液，或 97% 矿物油 200 倍液，或 2% 阿维菌素乳油 3000 倍 +11% 乙螨唑悬浮剂 5000 倍液喷雾防治，也可选用联肼乙螨酯、阿维螺螨酯、阿维菌素 + 丁醚脲、苦参碱防治。药剂轮换使用。

三、蓟马

蓟马指缨翅目蓟马科（Thripidae）各种，又名棉蓟马、葱蓟马、瓜蓟马。

（一）形态特征

成虫体长 1.2 ～ 1.4 mm，分黄褐色和暗褐色两种体色触角。第一节色浅，第二节和第六至七节灰褐色；第三至五节淡黄褐色，但四、五节末端色较深。前翅淡黄色。腹部第二至八背板较暗，前缘线暗褐色。头宽大于长，单眼间鬃较短，位于前单眼之后、单眼三角连线外缘。触角七节，第三至节上具叉状感觉锥。前胸稍长于头，后角有 2 对长鬃。中胸腹板内叉骨有刺，后胸腹板内叉骨无刺。前翅基鬃 7 ～ 8 根，端鬃 4 ～ 6 根；后脉鬃 15 ～ 16 根。第八背板后缘梳完整。各背侧板和腹板无附属鬃。卵初期肾形，乳白色，后期卵圆形，直径 0.29 mm 左右黄白色，可见红色眼点。若虫共 4 龄。一至四龄各龄体长为 0.3 ～ 0.6 mm、0.6 ～ 0.8 mm、1.2 ～ 1.4 mm、1.2 ～ 1.6 mm。体淡黄色，触角六节，第四节具 3 排微毛，胸、腹部各节有微细褐点，点上生粗毛。四龄翅芽明显，不取食，但可活动，称伪蛹。

（二）危害

为害石榴的还有茶黄蓟马(又名茶黄硬蓟马、茶叶蓟马)。以成虫、若虫在叶背吸食汁液，使叶面出现灰白色细密斑点或局部枯死，影响生长发育。同时，为害花蕾和幼果，常导致蕾、果脱落；果实不脱落的，被害部果皮因被食害，果实表面木栓化、皱裂留下大的伤疤，严重影响商品外观，南方产区称之为“麻皮病”。

（三）生活史与习性

在25～28℃下，卵期5～7天，若虫期(一至二龄)6～7天，前蛹期2天，蛹期3～5天，成虫寿命8～10天。雌虫可行孤雌生殖，每雌产卵21～178粒，卵产于叶片组织中。二龄若虫后期，常转向地下，在表土中经历前蛹及蛹期。以成虫越冬为主，也有若虫在葱、蒜叶鞘内侧、土块下、土缝内或枯枝落叶中越冬，还有少数以蛹在土中越冬。成虫极活跃，善飞，怕阳光，早、晚或阴天取食强。初孵若虫集中在叶基部为害，稍大即分散。在25℃和空气相对湿度60%以下时，蓟马发生严重，高温高湿和暴风雨可降低发生数量。一年中以4～5月为害最重。

（四）防治方法

1. 减少虫源

及时清除园地周围杂草及枯枝落叶，以减少虫源。

2. 药剂防治

成虫初期可喷洒5%氟氯氰菊酯乳油1000倍+2%阿维菌素乳油3000倍液、5%氟氯氰菊酯乳油1000倍+10%吡虫啉可湿性粉剂2000倍液或25%噻虫嗪水分散粒剂6000倍+2%阿维菌素乳油3000倍液，10天左右1次，防治2～3次。药剂轮换使用。

四、桃蛀螟

桃蛀螟(*Dichocrocis punctiferalis*)属鳞翅目螟蛾科，又名桃蛀虫、桃蛀野螟。

（一）形态特征

成虫：体长10～12 mm，翅展24～26 mm全体金黄色；胸、腹部及翅上都具有黑色斑点；触角丝状；雌蛾腹部末节呈圆锥形，雄蛾腹部末端有黑色毛丛。卵：椭圆形，长 0.6 ～ 0.7 mm，乳白至红褐色。幼虫：体长 22 ～ 25 mm，头部暗黑色，胸部暗红色或淡灰或浅灰蓝，腹面淡绿色；前胸背板深褐色；中、后胸及第一至八腹节各有排成 2 列的大小毛片 8 个，前列 6 个后列 2 个。蛹：褐色或淡褐色，长约 13 mm。

（二）危害

幼虫从果与果、果与叶、果与枝的接触处钻入果实为害。果实内充满虫粪，致果实腐烂并造成落果或干果挂在树上。

（三）生活史与习性

一年发生 4 代，以老熟幼虫或蛹在僵果、树皮裂缝、堆果场及残枝败叶中越冬。4 月上旬越冬幼虫化蛹，下旬羽化产卵；5 月中旬发生第一代；7 月上旬发生第二代；8 月上旬发生第三代；9 月上旬为第四代，而后以老熟幼虫或蛹越冬。成虫昼伏夜出，对黑光灯趋性强，对糖醋液也有趋性。卵散产于两果相并处和枝叶遮盖的果面或梗洼上，卵期 7 天左右。幼虫世代重叠严重，尤以第一、二代重叠常见，以第二代为害重。

（四）防治方法

1. 消灭幼虫及蛹

冬春季节彻底清理树上、树下干僵果及园内枯枝落叶和刮除翘裂的树皮，清除果园周围的玉米、高粱、向日葵、麻等遗株并深埋或烧毁，消灭越冬幼虫及蛹。

2. 诱杀成虫

成虫发生期在果园内点黑光灯或放置糖醋诱杀。

3. 防治幼虫

用药泥堵萼筒，用溴氰菊酯 20 ～ 30 g、土 100 倍、水 10 kg，和成药泥，团成泥团，堵塞萼筒，可有效防治幼虫的危害，有效期 70 ～ 80 天。

3. 引诱成虫产卵喷药

利用桃蛀螟产卵对向日葵花盘有较强趋性的特点，可在果园周围种植向日葵，开花后引诱成虫产卵，定期喷药防治。

4. 药剂防治

成虫发生期喷 50%杀螟松乳剂 1000 倍液，田间施药后 5 天杀虫率在 90%以上。在第 1 代卵孵化期喷 50%辛硫磷或 2.5% 溴氰菊酯可湿性粉剂 1500 倍液 1 ～ 2 次，效果较好。

5. 果实套袋

在石榴长到核桃大小、第二次自然落果后进行套袋，防止螟蛾在果面上产卵。

五、桃蛀果蛾

桃蛀果蛾（*Carposina niponensis*）属鳞翅目蛀果蛾科，又名桃小食心虫。

（一）形态特征

卵近椭圆形或桶形，初产时橙色，后渐变深红色，以底部黏附于果实上，卵壳具有不规则略呈椭圆形刻纹，端部环生 2 ～ 3 圈“Y”形外长物。老龄幼虫体长 13 ～ 16 mm，桃红色，腹部色淡，幼龄幼虫体为淡黄白色，无臀栉，前胸背板红褐色，体肥胖。蛹体长 6.5 ～ 8.6 mm，初黄白后变黄褐色，羽化前为灰黑色，翅、足和触角部游离。茧分两种，羽化茧又称夏茧，纺锤形，质地疏松，一端留有羽化孔；越冬茧扁圆形，直径约 6 mm，高 2 ～ 3 mm，由幼虫吐丝缀合土粒而成，质地紧密。

（二）危害

幼虫蛀食果实，并排粪于其中，俗称“豆沙馅”，降低了果品的品质和产量，幼果受害时多呈畸形“猴头”，大果受害，果面上的针状大小的蛀果孔呈黑褐色凹点，四周呈浓绿色，外溢出泪珠状果胶，干涸呈白色蜡质膜。随虫龄增大，有向果心蛀食的趋向。

（三）生活史与习性

桃蛀果蛾一年发生 1 ～ 2 代，以老龄幼虫结圆茧过冬，茧绝大部分集中在树冠下 3 ～ 6 cm 的土壤中以冬茧越冬。幼虫在 5 月上中旬至 7 月中旬出土，大量出土一般在 5 月下旬至 6 月中旬。干旱季节出土晚，降雨或灌水后出土期提前而且集中。越冬代成虫的产卵盛期在 6 月底至 7 月上中旬，第二代卵盛期在 8 月中下旬。

（四）防治方法

1. 加强地面防治

在越冬幼虫出土始期、盛期和第一代幼虫脱果盛期进行地面防治，降雨或灌水后于树下主要在树盘内全面施药。主要药剂有 50% 辛硫磷乳油、48% 乐斯本乳油，每亩用 0.5 kg 药，兑水 150 kg，喷树盘及周围地面；也可用白僵菌 2 kg，加 48% 乐斯本乳剂 0.15 kg，兑水 150 kg 喷树盘，喷后覆草，效果更好。

2. 重视树上防治

在地面防治的基础上，于卵盛期及初孵幼虫盛期进行树上喷药防治，当卵果率达 0.5% ～ 1.8% 进行树上喷药，隔 10 ～ 15 天喷 1 次，连喷 3 次。主要药剂有 2.5% 功夫乳油 1500 倍 +10% 吡虫啉可湿性粉剂 2000 倍液，或 5% 氟氯氰菊酯乳油 1500 倍 +10% 吡虫啉可湿性粉剂 2000 倍液、50% 辛硫磷乳油 1000 倍液 +1.8% 阿维菌素乳油 2000 倍液。药剂交替使用。

六、柑橘小实蝇

柑橘小实蝇（*Bactrocera dorsalis*）属双翅目实蝇科，又名黄苍蝇或果蛆。

（一）形态特征

成虫：头黄色或黄褐色，中颜板具圆形黑色颜面板 1 对，中胸背板黑色，缝后黄色侧纵条 1 对，伸达内后翅上鬃之后；肩胛、背侧胛完全黄色。小盾片除基部一黑色狭缝带外，余均黄色。翅前缘带褐色，伸达翅尖，较狭窄；臀条褐色，不达后缘。足大部分黄色，后胫节通常为褐色至黑色，中足胫节具一红褐色端距。腹部棕黄色至锈褐色，自第三背板的前缘直达腹部末端，组成“T”形斑。第五背板具腺斑 1 对。雄虫第三背板具栉毛。雌虫产卵管基节棕黄色，其长度略短于第五背板。卵乳白色，菱形，长约 1 mm，宽约 0.1 mm 精孔一端稍尖，尾端较钝圆。幼虫 3 龄老熟幼虫长 7 ～ 11 mm，头咽骨黑色，前气门具 9 ～ 10 个指状突，肛门隆起明显突出，全部伸到侧区的下缘，形成一个长椭圆形的后端。蛹椭圆形，长 4 ～ 5 mm，宽 1.5 ～ 2.5 mm，淡黄色。初化蛹时呈乳白色，逐渐变为淡黄色，羽化时呈棕黄色。前端有气门残留的突起，后端气门处稍收缩。

（二）危害

柑橘小实蝇主要以幼虫取食果瓤，形成蛆果，造成腐烂，引起果实早期脱落。

（三）生活史与习性

柑橘小实蝇每年发生 3 ～ 5 代，在有明显冬季的地区，以蛹越冬，而在冬季较暖和的地区则无严格越冬过程，冬季也有活动。生活史不整齐，各虫态常同时存在。产卵前期需取食蚧、蚜、粉虱等害虫的排泄物以补充蛋白质，才能使卵巢发育成熟。成虫可多次交尾，多次产卵。卵产于果实的瓤瓣与果皮之间，喜在成熟果实上产卵。果实上的产卵孔针头大小，常有胶状液排出，凝成乳状突起。在卵未孵化即采摘的果实上，产卵孔常呈褐色的小斑点，继而变成灰褐色、黄褐色的圆纹。卵孵化后则呈灰色或红褐色的斑点，内部果肉腐烂。幼虫群集于果实中吸食瓤瓣中的汁液，被害果外表虽色泽尚鲜，但瓤瓣干瘪收缩，呈灰褐色，常未熟先落。幼虫老熟时穿孔而出，脱果后边跳边转移，然后入疏松表土化蛹。

（四）防治方法

1. 诱杀小实蝇雄蝇

在 2 mL 甲基丁香酚原液中，加入 20% 甲氰菊酯乳油 2 mL，取混合液 1.5 mL，滴在用聚氨酯泡沫卷成的直径 1.5 cm，长 5 cm 的诱芯上，诱芯置于用可乐瓶制成的诱捕器内，将诱捕器挂在果园中，高度约 1.5 m，间距 60 ～ 80 m，每隔 1 ～ 2 个月滴加一次性引诱剂。还可在软籽石榴园内每隔 50 m 挂一块黄色粘蝇板粘杀小实蝇成蝇。

2. 喷药防治

在幼虫脱果入土盛期和成虫羽化盛期地面喷洒 50% 辛硫磷 800 ～ 1000 倍液；主要为害期树冠喷洒 25% 杀虫双 600 倍 +2% 阿维菌素乳油 3000 倍液或 2% 阿维菌素乳油 3000 倍 +75% 灭蝇胺可湿性粉剂 2500 倍液。树冠喷药防治成虫，在 5 ～ 11 月成虫盛发期，可使用溴氰菊酯、高效氯氟氰菊酯等，喷布果园及周围杂树树冠。10 天喷 1 次，连喷 3 ～ 4 次，连续防治 2 ～ 3 年，可减少 80% 以上。

3. 辐射处理实蝇蛹实施不育防治

在室内大量繁殖柑橘小实蝇蛹，用 50 Co γ - 射线处理，把羽化的不育雄成虫，用飞机或人工释放到果园，使其有正常的择偶、交配活力而又无生殖能力，减少自然界小实蝇交尾的机会，达到逐渐消灭的目的。

4. 果实套袋

果实套袋防止成虫产卵为害，在幼果期、实蝇成虫未产卵前，对果实套袋。

5. 灭杀入土幼虫和出土成虫

在幼虫期和出土期，用 50% 辛硫磷 800 ～ 1000 倍液喷施地面，可杀死入土幼虫和出土成虫。

七、棉铃虫

棉铃虫（*Helicoverpa armigera*）属鳞翅目夜蛾科。

（一）形态特征

成虫：体长 15 ～ 20 mm，翅展 27 ～ 38 mm。雌蛾赤褐色，雄蛾灰绿色。前翅翅尖突伸，外缘较直，斑纹模糊不清，中横线由肾形斑下斜至翅后缘，外横线末端达肾形斑正下方，亚缘线锯齿较均匀。后翅灰白色，脉纹褐色明显，沿外缘有黑褐色宽带，宽带中部 2 个灰白斑不靠外缘。前足胫节外侧有 1 个端刺。雄性生殖器的阴茎细长，末端内膜上有 1 个很小的倒刺。卵近半球形，底部较平，高 0.51 ～ 0.55 mm，直径 0.44 ～ 0.48 mm，顶部微隆起。初产时乳白色或淡绿色，逐渐变为黄色，孵化前紫褐色。卵表面可见纵横纹，其中伸达卵孔的纵棱有 11 ～ 13 条，纵棱有 2 岔和 3 岔到达底部，通常 26 ～ 29 条。幼虫：老熟幼虫长 40 ～ 50 mm，初孵幼虫青灰色，以后体色多变，分 4 个类型：

（1）体色淡红，背线，亚背线褐色，气门线白色，毛突黑色。

（2）体色黄白，背线，亚背线淡绿，气门线白色，毛突与体色相同。

（3）体色淡绿，背线，亚背线不明显，气门线白色，毛突与体色相同。

（4）体色深绿，背线，亚背线不太明显，气门淡黄色。头部黄色，有褐色网状斑纹。虫体各体节有毛片 12 个，前胸侧毛组的 L1 毛和 L2 毛的连线通过气门，或至少与气门下缘相切。体表密生长而尖的小刺。蛹：长 13 ～ 23.8 mm，宽 4.2 ～ 6.5 mm，纺锤形，赤褐至黑褐色，腹末有一对臀刺，刺的基部分开。气门较大，围孔片呈筒状突起较高，腹部第五至七节的背面和腹面的前缘有七至八排较稀疏的半圆形刻点。入土 5 ～ 15 cm 化蛹，外被土茧。

（二）危害

寄主植物有 30 多科 200 余种。棉铃虫是棉花蕾铃期重要钻蛀性害虫，主要蛀食蕾、花，也取食嫩叶。

（三）生活史与习性

每年发生 5 代，以第 3、4 代最重。一般均以蛹在土中越冬。第 1 代卵、幼虫和成虫发生盛期分别在 6 月上中旬和 7 月上旬，第 2 代卵、幼虫和成虫的盛发期分别在 7 月中旬、下旬和 8 月下旬，第 3 代卵和幼虫的盛发期分别在 8 月下旬至 9 月初、9 月中旬。成虫昼伏夜出，晚上活动、觅食和交尾、产卵。成虫有取食补充营养的习性，羽化后吸食花蜜或蚜虫分泌的蜜露。雌成虫有多次交配习性，羽化当晚即可交尾，2 ～ 3 天后开始产卵，产卵历期 6 ～ 8 天。产卵多在黄昏和夜间进行，喜欢产卵于嫩尖、嫩叶等幼嫩部分。卵散产，第 1 代卵集中产于顶尖和顶部的 3 片嫩叶上，第 2 代卵分散产于蕾、花上。单雌产卵量 1000 粒左右，最多达 3000 多粒。

（四）防治方法

1. 物理防治

果实套袋；果园内挂杀虫灯，悬挂黄蓝板。

2. 化学防治

可使用溴氰菊酯、高效氯氟氰菊酯等。

八、柑橘潜叶蛾

柑橘潜叶蛾（*Phyllocnistis citrella*）属鳞翅目潜叶潜蛾科，又名鬼画符、绘图虫。

（一）形态特征

成虫体长仅为 2 mm，翅展约 5.3 mm，触角丝状，体翅全部白色。前翅尖叶形，有较长的缘毛，基部有黑色纵纹2条，中部有“Y”字形黑纹，近端部有一明显黑点；后翅针叶形，缘毛极长足银白色，各足胫节末端有一个大型距；跗节5节，第一节最长。卵扁圆形，长0.3～0.4 mm，白色，透明。幼虫体扁平，纺锤形，黄绿色，头部尖，足退化，腹部末端尖细，具有1对细长的尾状物。蛹有前蛹期。蛹扁平纺锤形，长3 mm左右，初为淡黄色，后变深褐色。腹部可见7节，第1节前缘的两侧及第2至第6节两侧中央各有1瘤状突起，上生1长刚毛；末节后缘两侧各有1明显肉刺。蛹外有薄茧，茧金黄色。

（二）危害

潜叶蛾的幼虫孵出后从卵壳底部潜入寄主嫩叶、嫩茎皮下组织取食，蛀成弯曲银白色隧道，在隧道中间有1条黑色线为幼虫的排泄物。叶片受害组织不能正常生长而另一面叶组织则正常生长，因此使叶片卷缩硬化，俗称“茶米叶”，提早脱落。新梢严重受害时也会扭曲，影响次年开花结果。幼年树和苗木受害，严重影响树冠的扩大和苗木质量。幼果受害，果皮留下伤迹。

（三）生活史与习性

一年发生9～15代，世代重叠，以蛹和幼虫在被害叶上越冬。每年4月下旬至5月上旬，幼虫开始为害，7～9月是发生盛期。10月份以后为害减弱。完成一代需20天左右。成虫大多在清晨羽化，白天栖息在叶背及杂草中，夜晚活动，趋光性强。交尾后于第二至第三天傍晚产卵，卵多产在嫩叶背面中脉附近，每叶可产数粒。每头雌虫可产卵40～90粒，平均60粒左右。幼虫孵化后，即由卵底面潜入叶表皮下，在内取食叶肉，边食边前进，逐渐形成弯曲虫道。成熟时，大多蛀至叶缘处，虫体在其中吐丝结薄茧化蛹，常造成叶片边缘卷起。苗木和幼龄树，由于抽梢多而不整齐，适合成虫产卵和幼虫为害，常比成年树受害严重。

（四）防治方法

1. 物理防治

果实套袋。果园内挂杀虫灯，悬挂黄蓝板，结合冬季修剪，剪除被害枝叶并烧毁。

2. 化学防治

可使用溴氰菊酯、高效氯氟氰菊酯等。杜绝虫源，防止传入；成虫羽化期和低龄幼虫期是防治适期，防治成虫可在傍晚进行；防治幼虫，宜在晴天午后用药。可喷施 10% 二氯苯醚菊酯 2000 ～ 3000 倍 +2% 阿维菌素乳油 3000 倍液，或 2.5% 溴氰菊酯 1500 倍 +10% 吡虫啉乳油 3000 倍液，或 25% 杀虫双水剂 500 倍 +2% 阿维菌素乳油 3000 倍液，或 2% 阿维菌素乳油 3000 倍 +75% 灭蝇胺可湿性粉剂 2500 倍液。每隔 7 ～ 10 天喷 1 次，连续喷 3 ～ 4 次。

九、日本龟蜡蚧

日本龟蜡蚧（*Ceroplastes japonicas*）属同翅目蜡蚧科。

（一）形态特征

雌成虫壳长 3 ～ 4 mm，宽 2 ～ 4 mm，高约 1 mm，体外湿蜡壳很厚，白色或灰色。蜡壳圆或椭圆形，壳背向上盔形隆起，表面有凹陷将背面分割成龟甲状板块，形成中心板块和 8 个边缘板块，每板块的近边缘处有白色小角状蜡丝突。产卵期蜡壳背面隆起成半球形，分块变得模糊。虫体卵圆形，长 1 ～ 4 mm，黄红、血红至红褐色。背部稍突起，腹面平坦，尾端具尖突起。触角多为六节，前、后气门刺群相连接。雄成虫体长约 1.3 mm，翅展约 3.5 mm，棕褐色。触角十节，第四节最长。前胸前部窄细如颈。腹末交尾器针状。卵椭圆形，初为乳黄色，渐变深红色。若虫：体长约 0.3 mm，宽约 0.2 mm，长椭圆形，扁平，淡黄色。老龄雌若虫蜡壳与雌成虫近似；老龄雄若虫蜡壳长约 2 mm，长椭圆形，白色，中部有长椭圆形隆起干蜡板 1 块，周缘有白色小角状蜡角 13 个。

（二）危害

主要为害叶片和嫩枝。若虫固着在叶面和嫩枝上吸食汁液，造成树体枝瘦叶黄。排泄物常诱致煤污病发生，削弱树势，重者枝条枯死。

（三）生活史与习性

1 年生 1 代，受精雌虫主要在 1 ～ 2 年生枝上越冬。翌春寄主发芽时开始为害，虫体迅速膨大，成熟后产卵于腹下。在金沙江干热河谷区产卵盛期在6月上、中旬。每雌产卵千余粒，多者3000粒。卵期10～24天。初孵若虫多爬到嫩枝、叶柄、叶面上固着取食，8月初雌雄开始性分化，8月中旬至9月为雄化蛹期，蛹期8～20天，羽化期为8月下旬至10月上旬，雄成虫寿命1～5天，交配后即死亡，雌虫陆续由叶转到枝上固着为害，至秋后越冬。可行孤雌生殖，子代均为雄性。

（四）防治方法

1. 物理防治

休眠期刮、刷或剪除虫害密集枝条，并集中烧毁。

2. 化学防治

早春萌芽前喷波美5度石硫合剂，消灭越冬虫体；7月中旬为卵孵化盛期，可使用螺虫乙酯、矿物油、苦参碱、噻虫嗪等喷施防治。

十、蜗牛

蜗牛指腹足纲柄眼目蜗牛科（Fruticicolidae）各种。

（一）形态特征

蜗牛为无脊椎动物，软体动物门，腹足纲，肺螺亚纲，蜗牛科。壳一般呈低圆锥形，右旋或左旋。头部显著，具有触角2对，大的1对顶端有眼。头的腹面有口，口内具有齿舌，可用以刮取食物。

（二）危害

蜗牛主要生活在森林、灌木、果园、菜园、农田、高山、平地、丘陵等地阴暗潮湿地区主要为害叶片和果实。幼虫取食叶肉和果皮，留下叶表皮，长大后常将作物叶片食成孔洞或缺刻，果皮留下伤痕。

（三）生活史与习性

喜在阴暗潮湿、疏松多腐殖质的环境中生活，昼伏夜出，最怕阳光直射，对环境反应敏感。当温度低于15℃，高于33℃时休眠。

（四）防治方法

1. 物理防治

人工捕杀、果园放养鸡鸭。

2. 化学防治

果园喷施或撒施四聚乙醛。

十一、石榴绒蚧

石榴绒蚧（*Eriococcus logerostroemiae*）属同翅目粉蚧科，又名紫薇绒蚧、石榴绒蚧、石榴毡蚧。

（一）形态特征

雄成虫体长 0.91 ～ 1.28 mm，翅展 2.1 ～ 2.2 mm。全体棕褐色。雌成虫体卵圆形，紫红色，背部隆起，后部呈半圆形，头、胸、腹分节不明显，足很细小，蜡壳平均长 3.97 mm、宽 3.87 mm，雄雌虫触角均丝状。卵椭圆形，纵长 0.3 mm，初产时橙黄色，近孵化时紫红色。若虫初孵时体扁平，椭圆形，长 0.5 mm。触角丝状，复眼黑色，足细小，臀裂两侧各有一根刺毛。固定后 1 ～ 2 天背面开始出现两列白色蜡点；7 ～ 10 天后，虫体背面全部被蜡，以后蜡壳增厚，雌雄形态分化。预蛹长椭圆形，长 1 mm 左右，紫红色，包于白色毡绒状伪介壳中；雄蛹长 1.15 mm，宽 0.52 mm，菱形，棕褐色，腹末有明显的交尾器。

（二）危害

以成虫和若虫吸食幼芽、嫩枝和果实、叶片汁液，削弱树势，绒蚧分泌的大量蜜露会诱发煤污病，使叶片变黑脱落、枯死，严重影响产量。

（三）生活史与习性

每年发生 3 代，第三代至三龄若虫于 11 月上旬进入越冬状态。越冬场所为寄主枝干皮缝、翘皮下及枝杈等处。翌年 4 月上中旬越冬若虫开始雌雄明显分化，5 月上旬雌成虫开始产卵，每头雌成虫产卵量为 100 ～ 150 粒，卵产于伪介壳内，卵期 10 ～ 20 天，孵化后从介壳中爬出，寻找适宜地方为害。第一代若虫发生在 6 月上中旬；第 2 ～ 3 代若虫分别发生在 7 月中旬和 8 月下旬，并发生世代重叠。冬季低温、夏季的 7 ～ 8 月份降雨大而急、阴雨天多、天敌数量大都不利该虫的发生。

（四）防治方法

1. 人工防治

冬、春季细刮树皮，或用硬毛刷子刷除越冬若虫，集中烧毁或深埋。

2. 生物防治

有条件地区可人工饲养和释放天敌红点唇瓢虫、跳小蜂和姬小蜂等防治。

3. 杀灭冬虫

冬前落叶后或 2 月下旬前后树体喷布 3 ～ 5 波美度石硫合剂杀灭越冬虫态。

3. 药剂防治

于各代若虫发生高峰期叶面喷洒 25% 噻嗪酮可湿性粉剂 1500 ～ 2000 倍 +2% 阿维菌素乳油 3000 倍液或 22.4% 螺虫乙酯悬浮剂 3000 倍液 +2% 阿维菌素乳油 3000 倍液防治，效果很好。还可喷 40% 杀扑磷乳油 2000 倍液、5% 顺式氰戊菊酯乳油 1500 倍液、20% 甲氰菊酯乳油 3000 倍液等防治。

十二、黄刺蛾

黄刺蛾（*Cnidocampa flavescens*）属鳞翅目刺蛾科，又名洋辣子、刺毛虫、毛八角。

（一）形态特征

成虫体长 13 ～ 17 mm，翅展 30 ～ 39 mm。体橙黄色，头小，复眼球形，黑色；触角丝状，棕褐色。前翅黄褐色，后翅灰黄色，雌虫比雄虫稍大。卵扁椭圆形，一端略尖、淡黄色。幼虫体粗肥，老熟幼虫体长 19 ～ 25 mm。头部黄褐色，隐藏在胸下。胸部黄绿色，体自第二节起，各节背线两侧有 1 对枝刺，枝刺上长有黑毛。体背有紫褐色斑纹。体侧的中部有两条蓝色纵纹。胸足 3 对，短小，不明显。腹足退化。身体腹面为乳白色，呈薄膜状。蛹椭圆形，粗肥，体长 13 ～ 15 mm，淡黄褐色。腹部各节背面有褐色背板。茧椭圆形，质坚硬，黑褐色，有灰白色纵条纹，极似雀卵。

（二）危害

初孵幼虫先食卵壳，然后取食叶片的下表皮和叶肉，留下上表皮，形成圆形透明小斑点，隔一天，小斑点连接成块。4 ～ 6 天食量大增，可将叶片食成孔洞，或只留叶脉，幼虫食取叶片。

（三）生活史与习性

在金沙江干热河谷地区黄刺蛾 1 年发生 2 代，第 1 代成虫发生期在 5 月下旬至 6 月底，卵孵化期在 6 月上旬，7 月中旬至 8 月结茧。第 2 代成虫发生期在 7 月下旬至 8 月上旬，卵孵化期在 8 月。9 月下旬至 10 月中旬结茧越冬。

成虫羽化多在傍晚，以 17:00 ～ 22:00 这个时间段为羽化盛期。成虫夜间活动，趋光性不强，白天趴于叶背面。卵散产或数粒产在叶背面，每只雌蛾产卵 50 ～ 70 粒，卵多在白天孵化，成虫寿命 4 ～ 7 天。幼虫共分 7 龄，1 龄 1 ～ 2 天，2 ～ 4 龄各为 2 ～ 3 天，以后各龄天数逐渐增加，至 4 ～ 8 天。老熟幼虫在树枝上吐丝做茧，开始透明，可见幼虫活动情况，后则凝固成硬茧。初结之茧为灰白色，不久变棕褐色，并显露出白色纵纹。幼虫做茧后，在茧顶部咬一圆形伤痕，以便成虫羽化飞出，结茧位置多在枝杈处。

（四）防治方法

1. 保护和利用天敌

天敌有上海青蜂、广扇小蜂、螳螂等。

2. 剪除冬虫茧

人工剪除冬虫茧，收集烧毁。

3. 农药防治

在 2 龄前幼虫期 25% 灭幼脲 2000 倍液喷杀，或用 1.8% 阿维菌素乳油、BT 生物制剂等农药防治。

十三、石榴茎窗蛾

石榴茎窗蛾（*Herdonia osacesalis*）属鳞翅目窗蛾科，又名花窗蛾、钻心虫。

（一）形态特征

成虫体长 11 ～ 16 mm，翅展 30 ～ 42 mm，淡黄褐色，翅面

银白色带有紫泽，前翅乳白色，微黄，稍有灰褐色的光泽，前缘有 11 ～ 16 条茶褐色短斜线，前翅顶角有深褐色晕斑，下方内陷，弯曲呈钩状，顶角下端呈粉白色，外缘有数块深茶褐色块状斑。后翅白色透明，稍有蓝紫色光泽，亚外线有一条褐色横带，中横线与外横线处的两个茶褐色几乎并列平行，两带间呈粉白色，翅基部有茶褐色斑。腹背板中央有三个黑点排成一条线，腹末有 2 个并列排列的黑点，腹部白色，腹面密被粉白色毛，足内侧有粉白色毛，各节间有粉白色毛环。雌成虫触角状，雄成虫触角栉齿状。卵长约 1 mm，瓶状，初产时白色，后变为枯黄，孵化前 橘红色，表面有 13 条纵脊，数条横纹，顶端有 13 个突起。幼虫初虫体长 32 ～ 35 mm，圆筒形，淡青黄至土黄色，头部褐色，后缘有 3 列褐色弧形带，上有小钩。腹部末端坚硬，深褐色，背面向下倾斜，末端分叉，叉尖端成钩状，第八腹节腹面两侧各有一深褐色楔形斑，中间夹一尖楔状斑，有 4 对腹足，臀角退化，趾钩单序环状。蛹体长 15 ～ 20 mm，长圆形，棕褐色，头与尾部呈紫褐色。

（二）危害

为害枝干，使树势衰弱、产量下降，严重时整树死亡。初孵幼虫 3 ～ 4 天后便自腋芽处蛀入新梢，沿隧道向下蛀食，排粪孔的距离随幼虫增大而增大，被害枝条上最少有 2 个排粪孔。

（三）生活史与习性

一年一代，以初虫在被害枝的蛀道内越冬，次春 3 月底越冬幼虫继续为害，5 月上旬老熟幼虫在蛀道内化蛹，5 月中旬为化蛹盛期，蛹期约 30 天，6 月上旬开始羽化、中旬羽化盛期，成虫昼伏夜出，趋光性不强，卵单粒产在新梢顶端 2 ～ 4 芽腋里，幼虫孵化后自芽腋蛀入，3 ～ 5 天后被害梢萎蔫终至褐枯，田间 7 月初出现症状，幼虫向下蛀达木质部，每隔一段距离向外开一排粪孔，随虫体增长，排粪孔间距加大，至秋季蛀入二年生以上的枝内，多在二、三年生枝交接处虫道下方越冬。

（四）防治方法

1. 人工防治

在石榴生长季节，经常检查枝条，发现被害新梢，及时从最后一个排粪孔的下端将枝条剪除，消灭其中的幼虫。萌芽后，剪除未萌芽虫枝（70 cm 左右）并烧毁，消灭越冬幼虫。

2. 药剂防治

在孵化盛期，用吡虫啉 2000 倍液、25% 灭幼脲 2000 倍液、2.5 % 溴氰菊酯 1500 倍液喷雾防治，效果良好。幼虫蛀入枝条后，可用注射器将溴氰菊酯 400 ～ 500 倍液注入虫洞，或用棉球蘸溴氰菊酯原液塞入蛀孔内，外封黄泥，熏杀幼虫。

十四、石榴巾夜蛾

石榴巾夜蛾（*Prarlleila stuposa*）属鳞翅目夜蛾科。

（一）形态特征

体褐色，长 20 mm 左右，翅展 46 ～ 48 mm。前翅中部有一灰白色带，中带的内、外均为黑棕色，顶角有两个黑斑。后翅中部有一白色带，顶角处缘毛白色。卵灰色，形似馒头。老熟幼虫体长 43 ～ 50 mm，头部灰褐色。第一、二腹节常弯曲成桥形。体背茶褐色，布满黑褐色不规则斑纹。蛹黑褐色，覆以白粉，体长 24 mm。茧粗糙，灰褐色。

（二）危害

寄主于石榴、月季、蔷薇等，是石榴上常见的食叶害虫。以幼虫为害石榴嫩芽、幼叶和成叶，发生较轻时咬成许多孔洞和缺刻，发生严重时能将叶片吃光，最后只剩主脉和叶柄。其幼虫腹部第一、二节常弯曲呈矫形，易与造桥虫 (尺蛾科幼虫) 相混；体色与石榴新枝非常接近，不易被发现，但可以根据被害叶片，顺着枝条查找幼虫。

（三）生活史与习性

一年发生 2 ～ 4 代，世代很不整齐，以蛹在土壤中越冬。翌年 4 月石榴展叶时，成虫羽化。白天潜伏在背阴处，晚间活动，有趋光性。卵散产在叶片上或粗皮裂缝处，卵期约 5 天。幼虫取食叶片和花，白天静伏于枝条上，不易发现。幼虫行走时似尺蠖，遇险吐丝下垂。夏季老熟幼虫常在叶片和土中吐丝结茧化蛹，蛹期约 10 天，秋季在土中作茧化蛹。

（四）防治方法

1. 农业防治

在山区或近山区新建果园时，尽可能连片种植；选较晚熟的品种，避免同园混栽不同成熟期的品种。栽种幼虫寄主植物：可在果园边有计划栽种木防己、汉防己、通草、十大功劳、飞扬草等寄主植物，引诱成虫产卵、孵出幼虫，加以捕杀。

2. 人工防治

在果实成熟期，可用甜瓜切成小块，并悬挂在果园，引诱成虫取食，夜间进行捕杀。在果实被害初期，将烂果堆放诱捕，或在晚上用电筒照射进行捕杀成虫。

3. 物理防治

每 10 亩果园设置 40 瓦黄色荧光灯或其他黄色灯 5 ～ 6 支，对成虫有一定趋避作用。果实成熟期可套袋保护。

4. 药剂防治

幼虫发生量大时，可用 20%杀灭菊酯 2500 倍液、或 20%灭扫利 3000 倍液、2.5% 溴氰菊酯可湿性粉剂 1500 倍液喷杀。在果实近熟期，用糖醋加 2.5% 溴氰菊酯作诱杀剂，于黄昏放在果园诱杀成蛾。

第四节　果园除草

一、人工除草

将树盘根系集中范围内的杂草人工铲除，结合除草浅耕树盘土壤 5 ～ 10 cm，切断毛细管，减少地表蒸发，达到保肥保水目的。

二、物理除草

采用园艺地布（又称除草地布）覆盖除草。园艺地布是用 PE 材料编织而成的，黑色，具有遮光和透气性。利用地布遮光和增温的原理，覆盖杂草后由于没有光照，迅速增温而达到闷死杂草的目的。地布整年长期覆盖地表可造成土壤板结，透气性差。地布最好的使用方法是杂草长到 40 ～ 50 cm 高影响农事操作时，用地布覆盖，2 周左右时间杂草基本被闷死，然后掀开地布，等杂草再次长高时，用同样方式闷死杂草。雨季后秋、冬季节杂草数量会减少，杂草生长也缓慢，这个时期不能覆盖地布，让阳光充分照射土壤，可加快土壤有效物质的分解。

三、化学除草

化学除草是利用除草剂代替人力或机械在苗圃、绿地、造林地、防火线等地面上消灭杂草的技术。根据除草剂的作用特性，通常将其分成芽前除草剂、苗后除草剂两大类。软籽石榴园树盘清耕可采用芽前除草剂和苗后除草剂混合使用，可减少除草剂的使用次数，提高除草效率。除特殊情况外，应尽量少用化学除草剂，以减轻环境污染和避免化学除草剂对软籽石榴树体和土地造成的伤害。同时要科学使用除草剂，不过量施用除草剂。

（一）芽前除草剂

芽前除草剂也称土壤处理除草剂。利用药剂仅固着在表土层(1 ～ 2 cm)，不向深层淋溶的特性，杀死或抑制表土层中能够萌发的杂草种子，不伤害果树根系和叶片，如二甲戊灵、精异丙甲草胺等。这类除草剂只能在杂草萌芽出苗前或出苗期间使用，杂草出苗后使用则对杂草基本无效。

1. 二甲戊灵

可防除一年生禾本科和阔叶杂草，如马唐、狗尾草、早熟禾、看麦娘、牛筋草、灰藜、鳢肠、龙葵、藜、苋等。

2. 乙草胺

是世界上最重要的除草剂品种之一，也是我国使用量最大的除草剂之一。乙草胺具有除草活性高、应用范围广、对农作物安全、施药条件不苛刻、产品质量稳定、价格低廉等优点，可防除一年生禾本科和阔叶杂草。

3. 精异丙甲草胺

可防治一年生杂草和某些阔叶杂草，运用于旱地作物、蔬菜作物和果园、苗圃使用，可防除牛筋草、马唐、狗尾草、棉草等一年生禾本科杂草以及苋菜、马齿苋等阔叶杂草和碎米莎草、油莎草。

4. 乙氧异甲戊

是芽前除草复配剂，由乙氧氟草醚、异丙甲草胺和二甲戊灵复配组成，除草广谱，效果优于上述三个单剂，对荠菜、猪殃殃、播娘蒿、马齿苋、反枝苋、马唐、旱稗、牛筋草、莎草等有很好的防效，对恶性杂草繁缕、牛繁缕、酢浆草也有很好的防效。

（二）苗后除草剂

苗后除草剂也称茎叶处理除草剂。施于杂草茎叶，并主要通过叶片、茎与芽吸收并传导进入植株内部，从而防除杂草，如草铵膦、精喹禾灵等。这类除草剂通常在杂草出苗后的营养生长旺盛期使用，对土壤中还没有萌发的杂草基本无效，在杂草幼苗期使用(最好在杂草2～3叶开展时)效果好，可减少农药用量，提高喷药效率，节省成本。

1. 草甘膦

草甘膦是一种有机膦类除草剂，是一种内吸传导型广谱灭生性除草剂。草甘膦是一种非选择性、无残留灭生性除草剂，对多年生根杂草非常有效，广泛用于橡胶、桑、茶、果园及甘蔗地。主要抑制植物体内的烯醇丙酮基莽草素磷酸合成酶，从而抑制莽草素向苯丙氨酸、酪氨酸及色氨酸的转化，使蛋白质合成受到干扰，导致植物死亡。草甘膦是通过茎叶吸收后传导到植物各部位的，可防除单子叶和双子叶、一年生和多年生、草本和灌木等40多科的植物。草甘膦入土后很快与铁、铝等金属离子结合而失去活性。

2. 灭草松

灭草松是一种选择性触杀型苗后除草剂，用于杂草苗期茎叶处理。主要用于水稻、大豆、花生、小麦等作物，防除阔叶杂草和莎草科杂草，对禾本科杂草无效。主要防治一年生阔叶杂草和莎草科杂草。如扁蓄、鸭跖草、蚤缀、苍耳、地肤、苘麻、麦家公、猪殃殃、荠菜、播娘蒿(麦蒿)、马齿苋、刺儿菜、藜、蓼、龙葵、繁缕、异型莎草、碎米莎草、球花莎草、油莎草、莎草、香附子等。

3. 草铵膦

草铵膦是一种广谱触杀型灭生性除草剂，具有杀草谱广、低毒、活性高和环境相容性好等特点。草铵膦被喷洒到植物体上时，能够迅速通过茎叶被吸收入体内，并依赖植物蒸腾作用在木质部进行传导。但其接触土壤后会被土壤中的微生物迅速分解而失效，因此根部对草铵膦的吸收很少甚至几乎不吸收。草铵膦杀草谱广，几乎对绝大多数一年生乃至多年生双子叶及禾本科杂草有较好的防除效果，如马唐、稗、狗尾草等禾本科杂草和藜、苋、蓼、荠、龙葵、马齿苋、猪殃殃、蒲公英等阔叶。

4. 磺草酮

磺草酮为叶面除草剂，也可通过根系吸收。主要防治对象为阔叶杂草及某些单子叶杂草，如藜、茄、龙葵、蓼、酸模叶蓼、马唐、血根草、锡兰稗和野黍等。在正常轮作条件下，对冬小麦、大麦、冬油菜、马铃薯、甜菜和豌豆等作物有极好的安全性，对下茬作物亦同样安全，使用时可以单用，也可与其他药剂混用，均能起到良好的除草效果。

5. 精喹禾灵

是一种高度选择性的新型旱田茎叶处理剂，在禾本科杂草和双子叶作物间有高度的选择性，对禾本科杂草有很好的防效，如马唐、狗尾草、野燕麦、雀麦、白茅等一年生禾本科杂草。对阔叶杂草无效，可用于果树、果树苗圃、苜蓿等。

6. 氯氟吡氧乙酸

是内吸传导型除草剂，适用于防除阔叶杂草，如水花生、猪殃殃、卷茎蓼、马齿苋、龙葵、田旋花、蓼、苋等，对禾本科杂草无效。

第十章　采收及采后处理

软籽石榴果实的采收及采后处理是拉长石榴产业链的又一重要技术保障，是石榴丰产丰收的关键环节。多年来，生物因素如品种、成熟度和病虫害，生态因素如生长环境条件和栽培管理条件，以及采收期间的人为判断和操作，采后处理的包装运输、分级挑拣、贮藏保鲜、精深加工等诸多因素，对石榴果采收及采后处理的果品产值都有一定影响。现结合影响软籽石榴果实采收和采后处理获得最大效益的三大因素，即“采前因素、采摘因素、采后因素”，从石榴果的采收注意事项和采后处理两大方面做如下内容介绍。

第一节　影响因素

影响石榴果采收和采后处理获得最大效益的因素可简单归结为三大因素，即“采前因素、采摘因素、采后因素”。

一、采前因素

采前因素中温度、光照、湿度、土壤管理、病虫害防治、栽培修剪、花果管理等，均会影响石榴表皮保护组织的组成、干物质的含量、生理代谢强度及带菌量等，进而影响石榴采收的品质以及果品的贮藏性能。故而，采前因素的重要性不可忽视，也间接对石榴整个生长周期包括建园选址、栽培技术、肥水管理、植物营养和植物保护等各个方面的生产管理提出了更高要求。

二、采摘因素

果实的最佳成熟度和采果的正确操作，直接决定着果实的生理特性、鲜果品质和贮藏期长短。石榴成熟过程中多酚类物质逐渐减少，可溶性固形物含量（SSC）逐渐增加，采果时成熟度的把握不当，以及采摘时的操作对石榴果实外观的磕碰等，都会严重影响石榴果实的品质及贮藏运输。对采收最佳时期的把握以及正确的采收操作方法是石榴果后期贮存运输中保障品质优良的关键。

三、采后因素

采后因素主要是采后处理的环境因素，主要体现在贮藏环境的“四度”，即温度、湿度、气体浓度和果实的净度。只有控制好鲜果贮藏环境的各种因素让贮藏环境达到最佳状态，才能使得鲜果采后分级、包装、运输、加工等对于拉长石榴产业的经济价值链更有意义。

（一）温度

温度是采后控制石榴质量最关键的因素，主要表现在对其呼吸作用的影响。通常来说，产于寒温带的石榴耐受较低的温度，而产于热带、亚热带的石榴对低温较敏感。

（二）湿度

湿度是石榴贮藏保鲜的重要因素，通过影响蒸气压来影响石榴组织水分的保持及其新鲜度，果实与空气的饱和蒸气压差越大，果实失水的速度就越快。

（三）气体浓度

调节贮藏环境的气体成分及浓度可以让石榴果贮藏效果更好，环境中的 O_2 浓度过高会加速呼吸作用，加快石榴养分损耗，降低环境中 O_2 的浓度，呼吸作用就会受到抑制。

（四）净度

净度可分为贮藏环境净度和石榴自身的净度。贮藏环境通常是冷库，需要及时清理和消毒以减少菌群基数，降低石榴发病率；而石榴采收及采后果蒂部位的修整、萼筒内的干净程度等对石榴贮藏效果的影响也不容忽视。

第二节　采收

采收是软籽石榴栽培的最后一环，也是鲜果贮藏的开始。石榴的采摘多以人工采摘为主，机械化采收难度较大，故而采收环节需要特别注意的是采摘劳动者对石榴成熟度的把握以及采摘过程的诸多注意事项。石榴的果柄是木质化的，不像苹果那样会自然产生离层，采收过程中应防止机械伤害，采摘时宜用专用的采果枝剪或剪果刀具进行，并注意将果柄修平，以免扎伤其他果实，剪下后将果实轻轻放入有衬垫的篓、篮、筐内，运输过程中要防止挤、压、抛、碰、撞。为保障石榴果的产值和贮藏最佳，采收需把握好果实成熟度以及采摘注意事项。

一、把握果实成熟度

采收时果实的成熟度直接决定着果实的生理特性。石榴是非跃变型果实，采收过早，呼吸强度高，而采收过晚，果皮易发生开裂现象。如何根据市场需求确定贮藏要求，根据贮藏要求确定适宜的采收成熟度对于石榴的贮藏至关重要。石榴果实的采收多取决于成熟度，果实成熟的标志参照以下 4 条：

（1）果皮由绿变黄，有色品种充分着色，果面出现色泽。

（2）果棱显现。

（3）果肉细胞中的红色或银白色针芒充分显现，红粒品种色彩达到固有的程度。

（4）籽粒饱满且果实汁液的可溶性固形物含量达到该品种固有的指标。

二、采摘注意事项

目前，石榴果多为人工采收，采摘时需注意以下几点：

（1）应根据品种特性、果实成熟度及气候状况等分期采收。石榴果皮和籽粒色泽变化是果实成熟度的主要标志，采收过早风味欠佳，过晚则易发生果皮开裂籽粒外露易受病菌侵染而腐烂。

（2）在晴天早晨露水干后开始采收，此时气温较低可减少石榴所携带的田间热，降低其呼吸强度。不能在暴晒的阳光下采收，否则会导致果实失水萎蔫引起衰老及腐烂。

（3）阴雨天气禁止采收，避免果内积水和受病菌侵染引起贮期果实腐烂。

（4）采收时要轻拿轻放尽量避免机械损伤。要用修枝剪将果实从结果枝上紧贴果实剪下将果梗与果面剪平以免刺伤其他果实。采收后应立即放到阴凉处散热，不宜立即包装。

（5）采果应先从树冠下部和外部开始，然后再采内膛和树冠上部的果实。否则会因上下树或搬动梯子而碰伤果实降低其品质和等级。

第三节　采后处理

石榴采后可直接销售鲜果，可视市场行情贮藏保鲜存货销售，亦可深加工做成衍生产品提升石榴果实附加值，特别是次等果品通过深加工改变其价值，降低次果淘汰率，有效增加种植者收益。下面主要从石榴采后分级、采后包装、采后贮藏保鲜、采后加工四个方面做简要介绍。

一、采后分级

石榴果的采后分级是果实商品化必不可少的工作，直接与销售价格挂钩。分级就是将收获的果品，经过适度调整，根据形状、大小、色泽、质地、成熟度、机械损伤、病虫害及其他特性等，依据相关标准，分成若干整齐的类别，使同一类别的果品规格、品质一致，制定统一分级标准，实现生产和销售的标准化。软籽石榴果实分级一般凭肉眼挑选，选果人员要熟练掌握分级标准和出口要求，集中精力，认真负责，每个果都要过目。通常每个品种分 3 ～ 5 个等级。果实分级可在包装贮藏前进行，也可在采收贮藏后销售前进行，视具体情况决定。在包装贮藏前分级，可以将等外品挑出，以节省贮藏空间降低贮藏费用。但即使贮藏前经过分级的果实，在贮藏过程中也会发生病害造成烂果。因此，通常在贮藏后销售前才进行分级。目前，尚无全国统一的软籽石榴分级标准，现以云南永胜县软籽石榴分级标准为例进行讲述，以期将其作为金沙江干热河谷区优质软籽石榴分级标准的参照。

（一）云南永胜县软籽石榴分级概述

1. 特级果

大型果单果重 500 g 以上，光泽好，无病虫害斑和碰伤；中型果单果重 400 g 以上，光泽正常，无病虫害斑和碰伤。

2. 一级果

大型果单果重 400 g 以上，光泽正常，无病虫害斑和碰伤；中型果单果重 350 g 以上，光泽正常，无病虫害和碰伤。

3. 二级果

大型果单果重 300 g 以上，光泽正常，无病虫害斑和碰伤；中型果单果重 300 g 以上，光泽正常，无病虫害斑和碰伤。

4. 三级果

大型果每个重 250 g 以下，中型果单果重 200 g 以下，需重量达到级别，无明显病虫害斑，无明显碰伤。

5. 等外果

碰伤面积超过 1 cm^2 或有明显病虫害斑而又有可食部分，不论果实大小均为等外果。

6. 废弃果

不论果实大小，不具有可食部分者均为废弃果。

（二）云南永胜县软籽石榴等级规格指标

果实外观分级按照 LY/T2135 的规定执行，详见表 10-1。

表 10-1　软籽石榴果实等级规格指标

项目		等级		
		特级	一级	二级
果柄		完整	完整	无果柄但不伤果皮
花萼		完整	完整	稍有缺损，但不伤果皮
单果重/g	大果型（L）	=500	=400	=300
	中果型（M）	=400	=350	=300
	小果型（S）	=380	=340	=250
果面	日灼	无	无	面积不超过 2 cm^2

续表 10-1

项目		等级		
		特级	一级	二级
果面	锈斑	无	允许水锈薄层，垢斑点不超过 5 个，总面积不超过果面的 1/10	允许水锈薄层，垢斑点面积不超过果面的 1/6
	磨伤	无	轻微者 2 处，总面积不超过 0.5 cm²	轻微者 2 处，总面积不超过 2 cm²
	雹伤	无	允许轻微雹伤 1 处，面积不超过 0.5 cm²	允许轻微雹伤 2 处，面积不超过 1 cm²
	刺伤划伤	无	无	允许刺伤划伤 1 处，面积不超过 1 cm²
	碰压伤	无	无	允许轻微碰压伤 1 处，面积不超过 0.5 cm²，不变褐

二、采后包装

包装是保证果实安全运输的重要措施，包装后的果实可减少在运输、贮藏和销售过程中的相互摩擦、挤压、碰撞等所造成的损失，减少水分蒸发，保持外形美观，提高商品价值。石榴果采后包装尤其要注意不让品质劣变，软籽石榴果实劣变的主要原因在于果实水分的散失和腐烂，因此控制好石榴的蒸腾作用成为石榴果包装环节的关键所在，特别注意包装容器和材料的选择、包装方法、包装要求三个方面。

（一）包装容器和材料的选择

包装容器和材料要求质地坚固、不易变形，能承受一定的压力，无不良气味，大小适宜，便于搬运，内部平整光滑。目前纸箱或塑料果箱包装比条筐或竹篓规格整齐，也便于运输和储运。用纸箱包装，应在上面打些小孔，以利于通风透气。在选择包装材料时应根据软籽石榴不同的品种特性、质量档次、市场需求及用途而定。随

着塑料工业的发展，选用轻巧、耐用的硬塑料果箱，将是比较理想的软籽石榴包装箱。

1. 塑料果箱

如昆明民族塑料厂生产的塑料果箱，可用于石榴的贮藏和运输包装，容量一般 15 kg 左右。其优点是结实耐用，可重复使用多次，在贮藏中可码高垛。

2. 纸箱

作为目前石榴包装中使用最多的包装容器，容量一般为 5 ～ 15 kg，由 3 层或 5 层瓦楞纸板制成，大多属于一次性使用的易耗品，生产者可以申请注册自己的商标，设计应对销售市场的图像和广告语等，申请国家知识产权局外观设计专利。

3. 礼品箱

礼品箱主要迎合订单水果、电商运营及高端水果消费市场需求，容量一般为 5 ～ 8 kg，多由 1 层或 2 层覆膜防水纸板制成，纸板硬度好、防水防潮，外观精美，成本相对较高。

4.PE 薄膜

作为包装辅助材料，能较好地抑制果蔬的蒸腾作用，不同厚度的 PE 薄膜对湿度、气体浓度等条件的调节作用不同。根据有关研究，建议用 0.01 mmPE 大袋整箱包装处理，效果明显好于单果包装，可较好地阻止石榴水分的散失，又可避免因贮藏环境湿度过大而导致贮藏后期出现大量腐烂的现象。

5. 柱状或泡状充气包装塑料膜

作为包装辅助材料，可根据包装容器大小选择包装充气包装塑料膜尺寸，先将鲜果覆膜然后再装入包装容器，防碰撞和保鲜效果极好。

图 10-1　软籽石榴礼品盒包装

（二）包装方法

包装前应对石榴进行认真挑选，确保果品新鲜、洁净、无机械伤、无病虫害、无腐烂，并按有关标准分级包装。包装应在冷凉的环境条件下进行，避免风吹日晒和雨淋。果品在包装容器内应按一定的排列形式，紧密、整齐摆放。容器内壁、果实层间须垫纸或用泡沫塑料、瓦楞插板、托盘、充气塑料膜等衬垫物，以减少果实在容器中滚动，避免机械损伤和病菌传染，同时还可减缓果实水分蒸发，保持果实较稳定的温度，便于运输和贮藏。包装纸要求质地柔软、光滑、干净、无异味、薄而有韧性。在包装外面注明产品商标、品名、等级、规格、重量、个数、产地、特定标志、包装日期等内容。进行包装和装卸时，应轻拿轻放，避免机械损伤。

（三）石榴果品的包装要求

石榴果品包装的要求，主要在包装材料的选择上，根据绿色环保可持续发展的理念，包装材料应具备安全性、可降解性和可重复利用性。包装技术要求：一是包装环境良好，卫生安全；二是包装设备性能安全良好，不会对产品质量有影响；三是包装过程不对人员身体健康有害，不对环境造成污染。装潢是指对包装造型和外观进行美观设计。随着经济的发展，对果品档次的要求不断提高，果品包装装潢在提高果品档次方面的作用日趋重要。果品包装中应充分利用包装装潢来提高档次。

三、采后贮藏保鲜

目前，软籽石榴很大程度上仅依据其果皮色泽来判断成熟度，并多在外观红艳时进行商品化采收，而石榴采后萼筒对呼吸强度和蒸腾作用影响较大，贮藏运输期间极易出现果皮褐变、失水皱缩、籽粒花青素降解、果实腐烂等一系列问题，特别是果皮褐变的果实尽管籽粒晶莹如玉，但因外观不雅而使其商品价值严重降低；相反则是产品贮藏后虽果皮新鲜而籽粒出现色泽及风味劣变的情况较为突出，进而影响果实出货后货架期偏短，这也制约了采后贮藏的发展，因而石榴果的采后处理十分关键，直接关系果子的商品价值。近年来，通过不断研究包装方式、不同温度、高温热处理、保鲜试剂处理、复合保鲜剂涂膜、化学药剂防腐处理等方法，均不同程度延长了石榴果的贮藏保鲜期，为石榴采后保鲜提供了有价值的参考。传统的采后简易贮藏保鲜技术处理已不能满足当下软籽石榴生产发展和市场及消费者的需求，为更好抑制果实成熟软化、呼吸作用、水分蒸发等诸多不利于贮存的代谢活动，保障软籽石榴果实的可溶性固形物含量、总糖含量、总酸含量以及籽粒感官度达到最佳状态，将果皮褐变率、果实腐烂率降到最低，现多采用低温贮藏保鲜、涂膜剂贮藏保鲜、气调贮藏保鲜等技术方法。

有研究数据表明软籽石榴果实采后处理应注意的事项和适宜的贮藏保鲜条件如下：

（1）石榴果的贮藏温度选择 4 ～ 5℃ 较为理想。

（2）不宜采用高浓度 CO_2 处理及低氧环境来贮藏石榴果，石榴果的贮藏环境较为适宜的气体成分为 5% 的 CO_2 和 8% 的 O_2。

（3）不宜采用明胶涂膜处理石榴果，宜采用 0.5%CMC（羧甲基纤维素钠）溶液涂膜效果较好。

（4）不能进行碱性涂膜处理石榴果，否则果皮迅速褐变并形成硬壳影响石榴价值；在酸性条件下涂膜，不仅有利于保持果皮色泽红艳而且有利于保持石榴籽粒品质。宜采用 pH 为 3.5 ～ 4 的 0.5%CMC（羧甲基纤维素钠）溶液涂膜处理石榴贮藏效果较好。

（5）不宜采 O_3 处理石榴果，O_3 处理虽然可以降低果实腐烂率，但会引起果皮严重褐变，且果皮褐变指数随 O_3 浓度增加而增大，对石榴外观质量和内部品质造成不良影响，贮藏效果较差。

（6）宜采用间歇升温处理石榴贮藏，间歇升温处理在一定程度上防止了冷害的发生，有利于维持石榴可溶性固形物含量、总糖含量和总酸含量，对保持果皮色泽、防止果实腐烂、保证籽粒品质具有良好作用。

综上所述，在条件允许的情况下，石榴果的采后贮藏可参考以下较为理想的一套保鲜措施：果子采收预冷后用 pH=4 的 0.5%CMC（羧甲基纤维素钠）溶液涂膜，控制贮藏环境的温度为 4 ～ 5℃、气体成分为 5% 的 CO_2 和 8% 的 O_2，贮藏期间每隔 10 天换气 1 次，每隔 5 天在 15℃ 下受热处理 24 h，再恢复至 4 ～ 5℃ 的环境下贮藏。如此循环处理石榴果可优质贮藏达 120 余天，且果皮褐变指数最低烂果率在 2% 左右，籽粒品质良好，总糖含量不低于 10%，保鲜效果最为理想。

四、采后加工

软籽石榴果实多汁，含糖量丰富，有研究表明，石榴籽含有多种氨基酸和微量元素，对人体生理代谢过程有调节作用或者对机体正常生理机能有维持作用的生物活性成分物质比较丰富，目前已发现的有 60 余种，可划分为 7 大类，即酚类、类黄酮、生物碱、维生素、三萜类、甾醇类及不饱和脂肪酸。根据石榴的成熟度、产地及品种的不同，其成分也会有所差异，因而石榴果实除了鲜食以外，结合加工深度还可进行初加工如果汁及饮品，粗深加工如酿果酒和果醋，精深加工如色素提取和加工保健品、药品和高档护肤品等。

（一）加工石榴饮品

石榴榨汁可直接用于果汁原液，也可浓缩后可制成石榴酱，还可以加辅料塑性固化制成糖果产品。石榴汁类型可分三类：①原液型石榴汁，不添加防腐剂、黏稠剂、甜味剂等，保持原有风味。②澄清石榴汁，采取澄清处理技术增加果汁产品透明度，提高了产品的观感。③浓缩石榴汁，经低温减压浓缩，提高可溶性固形物含量，方便运输和贮藏。目前市场多用石榴原汁辅以食品添加剂制成多种饮品，以满足大众消费需求，比如石榴原汁添加糖、柠檬酸、天然香料，可配制成各种风味的浓缩饮料、单倍饮料、充气饮料等；加入海藻钠、碘钠盐等特殊添加剂还可制成具有独特风味的石榴风味饮料；直接浓缩成酱或者浓缩后一定程度添加琼脂等食品塑性固化物只剩糖糕类固态糖果产品。

1. 生产工艺参考流程

软籽石榴分选→剥皮去隔膜→取籽清洗→打浆压榨→分离过滤→护色处理→澄清→脱去氧气→杀菌→灌装→密封→冷却成品。

2. 操作注意事项

软籽石榴分选：根据产品需求参照石榴果分级标准选果。要保障果子新鲜、无霉变、无腐烂、籽粒无病虫害。

剥皮去隔膜取籽：一是人工操作，利用工具去皮和隔膜，取出籽粒，二是引进全自动剥皮榨汁设备，提高剥皮效率，降低生产成本。

打浆压榨：选用适宜的压榨机压榨取汁，打浆过程严格控制生产卫生条件。建议使用不锈钢设备防止原料变色、变味。

分离过滤：先用振动筛滤除较大颗粒的悬浮物，再用压滤机和离心过滤机除去细小悬浮物。（可加入硅藻土等助滤剂）

护色处理：以防石榴汁原液变色，可适量添加护色剂，如柠檬酸钠、VC、焦磷酸钠等。

澄清：可采用自然澄清法（长时间静止处理）、明胶—单宁澄清法（食用级明胶用量 80 ～ 100 mg/L 和食用单宁 90 ～ 120 mg/L）、酶澄清法（可用果胶酶 2 ～ 4 kg/t，静置澄清 3 ～ 5 h）、瞬时加热澄清法［快速（80 ～ 90 s）加热至 78 ～ 88℃，再快速（80 ～ 90 s）冷却，易损失部分风味，不常用此法］等。

脱去氧气：真空排气法 (如 25 ～ 45℃，采用 9 ～ 10 Pa 的真空度进行排气）和惰性气体(如氮气和二氧化碳)置换法等。

杀菌：用巴氏瞬时杀菌器进行杀菌，杀菌温度控制在85～92℃，杀菌时间在30～50 s。

灌装密封：一是将灭菌后的原汁即刻装入清洗灭菌，达到卫生条件要求的容器（玻璃瓶、铝罐等），二是采用无菌灌装设备进行灌装密封。

冷却：通常采用冷水冷却，可喷淋也可浸泡，若是玻璃瓶灌装要注意间歇分段降温，以防受热不均炸裂。

成品：达到相关标准可上市销售，保障颜色近似剥开的石榴，无明显变色现象和沉淀，无杂质，有石榴香气和风味。

（二）酿石榴酒

目前，石榴酒的生产加工主要分为两大类，即酿低度石榴瓶装果酒和高度石榴散装白酒。

1. 生产工艺参考流程

酿低度石榴瓶装果酒：打浆压榨出的石榴原汁→果酒配料→酒曲发酵→过滤澄清→调配→灌装→杀菌→成品。

酿高度石榴散装白酒：打浆压榨出的石榴原汁→白酒配料→酒曲发酵→高温蒸馏→低温冷却→头尾酒调配度数→成品。

2. 操作注意事项

配料：在果酒配料过程中如果将石榴皮、核等加糖发酵，萃取其有效香味勾兑于酒中，这样得出的酒更具有浓郁的酒香和优雅的石榴果实香，风味更佳。白酒配料中可加入少量玉米、小麦、水稻、高粱、荞麦等酒糟，可以让白酒更醇香浓厚。

发酵：石榴籽粒打浆压榨破碎后，加入一定量果胶酶，以及针对果酒和白酒所采用的酒曲等，提高出酒率。果酒发酵前注意加糖或浓缩石榴汁以提高石榴汁的糖度和发酵的酒精度，用酒石酸等调整石榴汁的酸度，以防止酸度太低时石榴果酒发酵而生长有害细菌。不同产地、成熟度不同、品种不同的石榴应单独存放，单独发酵。

时间：控制好发酵时长，一般为一周到半个月不等，发酵时间长短应视季节和发酵环境温度而定。

温度：果酒发酵的温度，按照酒曲酶发挥最大活性的最适温度进行调节，通常是25～30℃，发酵温度不宜超过使酶失去活性的高温和抑制酶活性的低温。白酒蒸馏温度宜高，应保持连续高温，直至最后出酒只有酒香没有酒味即可停火，同时冷却宜采用循环水流冲淋蒸馏设备降温，保障最大出酒率。

果酒成品通常外观呈桃红色，澄清透亮，无悬浮物，无沉淀，具有浓郁的石榴果香和发酵酒香，口味柔和协调，酸甜适口。

白酒成品通常无色透明，具有鲜石榴的回味香气，酒香醇厚，酒体丰满，辣燥适度，回味绵长。

（三）酿石榴醋

石榴醋呈酒红色，透明清亮，口感酸醇，具有浓郁的石榴风味，以醋酸计的总酸度为3.5%～5%。具体制备方法可参考：将石榴榨汁，加果胶酶酶解，得石榴醋发酵原汁；石榴汁加酵母活化液发酵，先制得粗酿的石榴酒；石榴酒进入自动酿醋设备，约30 h得石榴原醋；石榴原醋经超滤除菌得石榴醋。或将石榴籽粒破碎，得到石榴果浆；向石榴果浆中加入活化酵母菌液，调节糖度至10%～16%，在28～38℃下发酵3天，即得到石榴果酒醪，酒醪压滤后调整酒精度，最后进入自动酿醋设备，约30 h得到优质原醋。

（四）石榴干品

软籽石榴籽粒软脆、甘甜多汁，做成石榴籽干粒不仅耐贮存、便携带、即开即食，还能较大程度保持石榴鲜果的营养风味，是石榴采后很不错的一种加工方式。根据加工方法和技术的差异，现阶段主要分晒干、烘干、冻干三种。晒干和烘干加工石榴籽相对常规，不做过多赘述，主要针对冻干石榴籽的方法与流程做简要介绍。

根据李好先（2017）等研究出的《一种冻干石榴籽的方法与流程》，冻干石榴籽粒的氨基酸、VC、总糖和总酸等含量相较鲜果均无显著变化，可有效保留鲜石榴籽粒营养物质。操作方法流程可简要概述为：①前处理，鲜石榴取籽洗净沥去表面多余水分。②预冻，将前处理的石榴籽放入-20℃冰箱或-80℃超低温冰箱，预冷12～24 h，直到有冰晶析出。③干燥，将预冻后的石榴籽粒放入超低温干燥机中进行干燥处理48～72 h，直到籽粒重量基本保持恒定为止。④包装，取出干燥后的石榴籽，通过抽取真空或者充氮气进行包装，即可常温贮藏，有效贮藏期可达150～180天。

（五）精深加工

根据生产技艺和加工工艺的更高标准和要求，石榴的精深加工可提取色素，可加工保健品、药品和高档护肤品等。石榴汁提取的天然红色素可广泛用作食品的添加剂和食品染色剂，制成各种色泽鲜艳的食物和清凉饮料，更加安全健康；石榴加工成保健产品具有降血脂、软化血管、增强心脏活力、预防动脉粥样硬化、预防癌症、延缓生命衰老等功效，还可深加工应用于含石榴成分的系列化妆品行业。目前，国内外均已成熟生产和销售诸多产品，如红石榴润颜嫩白洁面乳、柔肤水、保湿滋养乳、滋养日霜及晚霜等。

参考文献

[1] 胡清坡，曹冬青，韩慧丽，等．无公害软籽石榴保花保果技术[J].中国果菜 2009,(8):31.

[2] 薛辉， 曹尚银， 刘贝贝，等． 套袋对突尼斯软籽石榴果实品质的影响[J]. 江西农业学报， 2017， 29(3):4.

[3] 孙劲，易言郁，郑荣洪，等．几种杀菌剂对石榴“麻皮病”的研究[J].西昌师范高等专科学校学报，2004, 12.

[4] 张绍文，马学林，等．丽江苹果高效栽培技术.[M] 昆明：云南科技出版社，2012.

[5] 周翔陆．石榴丰产栽培图说[M]．北京：中国林业出版社，1995.

[6] 中国农业百科全书总编辑委员会．中国农业百科全书（果树卷）[M].北京：中国农业出版社，2019:305-306.

[7] 温素卿．我国石榴的研究进展[J]. 贵州农业科学，2009, 37(7):155-58.

[8] 苑兆和，尹燕雷，朱丽琴，等．石榴保健功能的研究进展[J]. 山东林业科技，2008, 1(174):91-93.

[9] 曲泽洲，孙云蔚．果树种类论[M]. 北京：中国农业出版社，1990:139-143.

[10] 河北农业大学．果树栽培学各论(北方本)[M]. 北京：中国农业出版社 1995:444-453.

[11] 冯玉增，宋梅亭．我国石榴生产现状与发展建议[J]. 林业科技开发．2014(5):7-9.

[12] 童昌华，杨肖娥，濮培民．水生植物控制湖泊底泥营养盐释放的效果与机理[J]. 农业环境科学学报，2003, 22(6):673-676.

[13] Michael D, Sumner P H D, Melanie Elliott-Eller R N, et al. Effects of pomegranate juice consumption on myocardial Perfusion in patients with coronary heart disease[J]. The American Journal of Cardiology, 2005, 96(6):810-814.

[14] Ajaikumar K B , Asheef M, Babu B H , et al. The inhibition of gastric mucosal injury by Punica granarum L. (pomegranate) methanolic extracts [J]. Journal of Ethnopharmacology,2005, 96(1-2):171-176.

[15] 王鹏，王东升，许领军，等．突尼斯软籽石榴在郑州的表现及主要栽

培技术 [J]. 中国南方果树 , 2008(3) : 76–77.

[16] 王超然，魏耀远，郭明，等 . 突尼斯软籽石榴丰产栽培技术 [J]. 现代园艺 , 2007(11) : 21–22.

[17] 陈晶和 . 突尼斯软籽石榴引种表现及主要栽培技术 [J]. 安徽农学通报 , 2013(18) : 70, 85.

[18] 何珍 . 突尼斯软籽石榴病虫害发生症状及综合防治技术 [J]. 现代农业科技，2014(14):1.

[19] 胡青霞，张丽婷，李洪涛，等 . 石榴果实贮期生理变化与采后保鲜技术研究进展 [J]. 河南农业科学 , 2014, 43(3):7.

[20] 张润光 . 石榴贮期生理变化及保鲜技术研究 [J]. 河南农业科学，2014, 43(3):7

[21] 郑少玲，徐润生，陈琼贤，等 . 生物有机肥在不同肥力土壤上对芥蓝生长的影响 [J]. 广东农业科学，2006(1).

[22] 胡诚，曹志平，罗艳蕊，等 . 长期施用生物有机肥对土壤肥力及微生物生物量碳的影响 [J]. 中国生态农业学报 , 2007, 15(3):4.

[23] 姜瑞波，张晓霞，吴胜军 . 生物有机肥及其应用前景 [J]. 磷肥与复肥 , 2003, 18(4):2.

[24] 王立刚，李维炯，邱建军，等 . 生物有机肥对作物生长、土壤肥力及产量的效应研究 [J]. 土壤肥料，2004(5):5.

[25] 吴林坤，林向民，林文雄 . 根系分泌物介导下植物 – 土壤 - 微生物互作关系研究进展与展望 [J]. 植物生态学报 , 2014, 38(3):13.

[26] 刘威，刘博，蔡卫佳，等 . 国内软籽石榴栽培品种及研究进展 [J]. 北方农业学报 , 2020, 48(4):8.

[27] 洪明伟 , 范磊 , 王敏忠 , 等 . ‘红如意’、‘永胜酸 1 号’及其杂交石榴品种果实品质分析 [C]// 中国石榴研究进展 (三)——第三届中国园艺学会石榴分会会员代表大会暨首届中国泗洪软籽石榴高峰论坛、国家石榴产业科技创新联盟筹备会论文集 . 中国林业出版社 , 2018 : 211–217.

[28] 罗华，刘娜，郝兆祥，等 . 我国软籽石榴研究现状、存在问题及建议 [J]. 中国果树 , 2017(1):5.

[29] 蒋鑫 . 盘州市无公害软籽石榴病虫害综合防治技术 [J]. 中国果菜 , 2020, 40(6):4.

[30] 胡清坡，刘宏敏，张山林 . 软籽石榴无公害生产中病虫害综合防治技

术 [J]. 中国果菜 , 2009(8):4.

[31] 景春华 . 突尼斯软籽石榴无公害丰产栽培技术 [J]. 果农之友 , 2019(11):2.

[32] 郑晓慧，易言郁，徐彪，等 . 石榴“麻皮”病病原研究 [J]. 云南农业大学学报，2004, 19(4):2.

[33] 张武军，王朝斌，张辉，等 . 恶醚唑防治石榴麻皮病试验效果 [J]. 农药 , 2005, 44(10):2.

[34] 孙劲，易言郁，郑荣洪，等 . 几种药剂对石榴“麻皮病”的防治研究 [J]. 西昌学院学报（社会科学版）, 2004, 16(4):103-104.

[35] 范春丽，赵奇，曲金柱 . 突尼斯软籽石榴的抗寒砧木嫁接效果 [J]. 落叶果树 , 2014, 46(4):2.

[36] 李敏 . 突尼斯软籽石榴冻旱的发生与预防 [D]. 山东农业大学 , 2013.

[37] 赵丽华，李名扬，王先磊，等 . 石榴种质资源遗传多样性及亲缘关系的 ISSR 分析 [J]. 果树学报 , 2011, 28(1):6.

[39] 郭建伟 . 石榴病原菌与病害研究综述 [J]. 安徽农业科学 , 2013, 41(25):3.

[40] 何平, 余爽, 巫登峰, 等. 四川攀西地区石榴病虫害综合防治技术 [C]// 绿色生态可持续发展与植物保护灾年——中国植物保护学会第十二次全国会员代表大会暨学术年会 .

[41] 马丹丹，李娜 . 石榴主要病虫害发生规律及防治技术 [J]. 河北果树 , 2013(2):2.

[42] 刘凌，陈斌，李正跃，等 . 石榴园西花蓟马种群动态及其与气象因素的关系 [J]. 生态学报 , 2011, 31(5):8.

[43] 刘凌，陈斌，李正跃，等 . 石榴西花蓟马的空间分布格局及理论抽样数 [J]. 西南农业学报 , 2014, 27(4):6.

[44] 李春梅 . 蒙自地区石榴主要病虫害的发生规律及综合防治技术 [J]. 红河学院学报 , 2010, 8(2):59-62.

[45] 刘云龙，何永宏，王新志 . 国内一种果树新病害——石榴枯萎病 [J]. 植物检疫 , 2003, 17(4):3.

[46] 邓吉，陆进，李健强，等 . 石榴枯萎病发生危害与防治初步研究 [J]. 植物保护 , 2006(6):97-101.

[47] 陈延惠，胡青霞，李岩，等 . 郑州地区石榴冻害及干腐病病情相关性

调查 [C]// 中国石榴研究进展 (一) ,2010.

[48] 谭洪花，曹尚银，薛华柏，等 . 我国软籽石榴研究进展 [C]// 中国石榴研究进展 , 2010.

[49] 周又生，陆进 . 石榴干腐病生物生态学及发生流行规律和治理研究 [J]. 西南农业大学学报 , 1999, 21(6):551-555.

附录

表1 永胜县金沙江干热河谷区软籽石榴全年主要工作

软籽石榴管理年历

时间	物候期	管理技术操作要点
2月下旬至3月中旬	萌芽展叶期	（1）追肥：萌芽前追施1次芽前肥（高磷肥），每亩用量10 kg左右。 （2）浇水：保证充足水分。 （4）病虫害防治：主要防治蚜虫、蓟马、红蜘蛛等虫害和早期落叶病等病害，虫害使用氯氟氰菊酯、吡虫啉、阿维菌素、螺螨酯、螺虫乙酯等，病害使用代森锰锌、多菌灵、百菌清、苯醚甲环唑、吡唑醚菌酯等。
3月下旬至5月中旬	花期	（1）追肥：主要进行叶面追肥，可以喷磷酸二氢钾和硼肥，为防止枝条徒长引起落花落果，一般不建议根部追肥。 （2）浇水：根据叶片情况补充水分，严格控制大水浇灌，以防落花落果和枝条徒长，如果小面积或者零星几株缺水，可进行单独给水。 （3）抹芽：抹除多余的萌芽、萌枝和徒长枝，减少营养消耗，保证花的营养，提高坐果率。 （4）病虫害防治：花期通常不建议喷洒农药，根据病虫害情况适时防治。
5月中旬至6月下旬	幼果期	（1）疏果：结合树势，合理负载，3～4年初果期树龄，留果30～70个；5年以上盛果期树龄，留果80～100个。 （2）套袋：果实长到核桃大小、果皮绿色时及时套袋，套袋前根据病虫害情况喷施1至2次杀虫杀菌剂，选用白色单层纸袋。 （3）追肥：追施2～3次稳果肥（平衡肥）及1次钙肥，稳果肥每亩每次10 kg左右，钙肥1次10 kg左右，钙肥要单独施（防止产生沉淀）。 （4）浇水：保证充足水分。 （5）抹芽：抹除多余的萌芽、萌枝和徒长枝，减少营养消耗。 （6）病虫害防治：主要防治炭疽病、干腐病等病害和食心虫等虫害，病害可用代森锰锌、多菌灵、百菌清、苯醚甲环唑、吡唑嘧菌酯等，虫害可用啶虫脒、吡虫啉、阿维菌素、亩旺特、溴氰菊酯、氯氟氰菊酯等。

续表 1

时间	物候期	管理技术操作要点
6月下旬至8月下旬	果实膨大期	（1）浇水：保证充足水分，同时注意排涝。 （2）追肥：此期果实快速膨大生长，需要提供给充足的养分，追施2次膨果肥（高钾肥），每亩每次10 kg左右。 （3）抹芽：及时抹除多余的枝条，保证通风透光。 （4）病虫害防治：主要防治疮痂病、麻皮病等病害和食心虫、果食蝇等虫害，病害可用代森锰锌、多菌灵、百菌清、苯醚甲环唑、吡唑嘧菌酯等，虫害可用氟啶虫酰胺、溴氰菊酯、高效氯氟氰菊酯等。
8月下旬至10月上旬	果实成熟期	（1）脱袋：采收前5～7天脱袋，促进果实着色。 （2）采收：根据果实成熟度适时分批采收。
10月上旬至11月下旬	树体恢复期	（1）浇水：适当浇水。 （2）追肥：施一次高磷肥，每亩每次5kg左右。 （3）抹芽：抹除多余的徒长枝。
11月下旬至2月中旬	落叶休眠期	（1）冬季修剪：根据树形，调整树形结构，培养结果枝组，疏除过密枝、弱枝、病虫枝等，软籽石榴萌发力强，冬季修剪宜轻剪缓放，多疏剪，忌短截、重剪。 （2）清园：清除纸袋、病虫枝等，集中烧毁或深埋，并用石硫合剂地毯式无死角清园，防治病虫害。 （3）施肥：开沟施有机肥，每亩施商品有机肥1000 kg左右或农家肥2000 kg左右。

表 2　本书常用剂量单位标准符号及换算单位

类别	单位名称	单位符号	换算关系
长度	千米（公里）	km	1 km = 1000 m
	米	m	1 m = 100 cm
	厘米	cm	1 cm = 10 mm
	毫米	mm	1 mm = 1000 μm
	微米	μm	
面积	公顷	hm^2	$1\ hm^2 = 10000\ m^2$ = 15 亩 $666.7\ m^2 \approx 1$ 亩
	平方米	m^2	$1\ m^2 = 10000\ cm^2$
	平方厘米	cm^2	$1\ cm^2 = 100\ mm^2$
体积	升	L	1 L = 1000 mL
	毫升	mL	
重量	吨	t	1 t = 1000 kg
	千克（公斤）	kg	1 kg = 1000 g
	克	g	1 g = 1000 mg
	毫克	mg	
光照度	勒克斯	lx	
时间	年		
	天		1 天 = 24 h
	小时	h	1 h = 60 min
	分钟	min	1 min = 60 s
	秒	s	